———

나만의 여행을 찾다보면 빛나는 순간을 발견한다.

잠깐 시간을 좀 멈춰서
잠깐 일상을 떠나 인생의 추억을
남길 수 있도록
후회 없는 여행이 되도록
순간이 영원하도록
Dreams come true.
Right here.
세상 저 끝까지 가보게

———

KB014509

뉴 노멀^{New normal} 이란?

전 세계는 코로나19 전과 후로 나뉜다고 해도 누구나 인정할 만큼 사람들의 생각은 많이 변했다. 이제 코로나 바이러스가 전 세계로 퍼진 상황과 코로나 바이러스를 극복하는 인간의 과정을 새로운 일상으로 받아들여야 하는 뉴 노멀^{New normal} 시대가 왔다.

'뉴 노멀^{New normal}'이란 시대 변화에 따라 과거의 표준이 더 통하지 않고 새로운 가치 표준이 세상의 변화를 주도하는 상태를 뜻하는 단어이다. 2008년 글로벌 금융위기를 겪으면서 세계 최대 채권 운용회사 핌코^{PIMCO}의 최고 경영자 모하마드 엘 에리언^{Mohamed A. El-Erian}이 그의 저서 '새로운 부의 탄생^{When Markets Collide}'에서 저성장, 규제 강화, 소비 위축, 미국 시장의 영향력 감소 등을 위기 이후의 '뉴 노멀^{New normal}' 현상으로 지목하면서 사람들에게 알려졌다.

코로나19는 소비와 생산을 비롯한 모든 경제방식과 사람들의 인식을 재구성하고 있다. 사람 간 접촉을 최소화하는 비 대면을 뜻하는 단어인 언택트^{Untact} 문화가 확산하면서 기업, 교육, 의료 업계는 비대면 온라인 서비스를 도입하면서 IT 산업이 급부상하고 있다. 바이러스가 사람간의 접촉을 통해 이루어지므로 사람간의 이동이 제한되면서 항공과 여행은 급제동이 걸리면서 해외로의 이동은 거의 제한되지만 국내 여행을 하면서 스트레스를 풀기도 한다.

소비의 개인화 추세에 따른 제품과 서비스 개발, 협업의 툴, 화상 회의, 넷플릭스 같은 홈 콘텐츠가 우리에게 다가오고 있으며, 문화산업에서도 온라인 콘텐츠 서비스가 성장하고 있다. 기업뿐만 아니라 삶을 살아가는 우리도 언택트^{Untact}에 맞춘 서비스를 활성화하고 뉴 노멀^{New normal} 시대에 대비할 필요가 있다.

흑사병이 창궐하면서 교회의 힘이 약화되면서 중세는 끝이 나고, 르네상스를 주도했던 두 도시, 시에나(왼쪽)와 피렌체(오른쪽)의 경쟁은 피렌체의 승리로 끝이 났다. 뉴 노멀 시대가 도래하면 새로운 시대에 누가 빨리 적응하느냐에 따라 운명을 가르게 된다.

뉴 노멀(New Normal) 여행

뉴 노멀New Normal 시대를 맞이하여 코로나 19이후 여행이 없어지는 일은 없지만 새로운 여행 트랜드가 나타나 우리의 여행을 바꿀 것이다. 그렇다면 어떤 여행의 형태가 우리에게 다가올 것인가? 생각해 보자.

1. 장기간의 여행이 가능해진다.

바이러스가 퍼지는 것을 막기 위해 재택근무를 할 수 밖에 없는 상황에 기업들은 재택근무를 대규모로 실시했다. 그리고 필요한 분야에서 가능하다는 사실을 알게 되었다. 재택근무가 가능해진다면 근무방식이 유연해질 수 있다. 미국의 실리콘밸리에서는 필요한 분야에서 오랜 시간 떨어져서 일하면서 근무 장소를 태평양 건너 동남아시아의 발리나 치앙마이에서 일하는 사람들도 있다.

이들은 '한 달 살기'라는 장기간의 여행을 하면서 자신이 원하는 대로 일하고 여행도 한다. 또한 동남아시아는 저렴한 물가와 임대가 가능하여 의식주가 저렴하게 해결할 수 있다. 실리콘밸리의 높은 주거 렌트 비용으로 고통을 받지 않지 않는 새로운 방법이 되기도 했다.

2, 자동차 여행으로 떨어져 이동한다.

유럽 여행을 한다면 대한민국에서 유럽까지 비행기를 통해 이동하게 된나. 유럽 내에서는 기차와 버스를 이용해 여행 도시로 이동히는 경우가 대부분이었지만 공항에서 차량을 렌트하여 도시와 도시를 이동하면서 여행하는 것이 더 안전하게 된다.

자동차여행은 쉽게 어디로든 이동할 수 있고 렌터카 비용도 기차보다 저렴하다. 기간이 길면 길수록, 3인 이상일수록 렌터카 비용은 저렴해져 기차나 버스보다 교통비용이 저렴해진다. 가족여행이나 친구간의 여행은 자동차로 여행하는 것이 더 저렴하고 안전하다.

3. 소도시 여행

여행이 귀한 시절에는 유럽 여행을 떠나면 언제 다시 유럽으로 올지 모르기 때문에 한 번에 유럽 전체를 한 달 이상의 기간으로 떠나 여행루트도 촘촘하게 만들고 비용도 저렴하도록 숙소도 호스텔에서 지내는 것이 일반적이었다. 하지만 여행을 떠나는 빈도가 늘어나면서 유럽을 한 번만 여행하고 모든 것을 다 보고 오겠다는 생각은 달라졌다.

유럽을 여행한다면 유럽의 다양한 음식과 문화를 느껴보기 위해 소도시 여행이 활성화되고 있었는데 뉴 노멀New Normal 시대가 시작한다면 사람들은 대도시보다는 소도시 여행을 선호할 것이다. 특히 유럽은 동유럽의 소도시로 떠나는 여행자가 증가하고 있었다. 그 현상은 앞으로 증가세가 높을 가능성이 있다.

4. 호캉스를 즐긴다.

타이완이나 동남아시아로 여행을 떠나는 방식도 좋은 호텔이나 리조트로 떠나고 맛있는 음식을 먹고 나이트 라이프를 즐기는 방식으로 달라지고 있었다. 이런 여행을 '호킹스'라고 부르면서 젊은 여행자들이 짧은 기간 동안 여행지에서 즐기는 방식으로 시작했지만 이제는 세대에 구분 없이 호캉스를 즐기고 있다.

코로나 바이러스로 인해 많은 관광지를 다 보고 돌아오는 여행이 아닌 가고 싶은 관광지와 맛좋은 음식도 중요하다. 이와 더불어 숙소에서 잠만 자고 나오는 것이 아닌 많은 것을 즐길 수 있는 호텔이나 리조트에 머무는 시간이 길어졌다. 심지어는 리조트에서만 3~4일을 머물다가 돌아오기도 한다.

조지아의 하루

코카서스 산맥에서 와인과 함께 이민족의 침략과 핍박을 견뎌내고 살아온 조지아는 신생 국가인 것처럼 느껴지지만 인간의 탄생과 함께 태어난 국가이다. 건축물, 클래식한 예술품, 햇빛으로 가득한 광장은 조지아를 정의해 주는 단어는 아니다.

조지아 사람들은 맛있는 맛집과 가장 좋아하는 와인에 취해 인생을 이야기하면서 행복해하는 시민들로 가득하다. 매일 밤 한가로운 시간대는 이른 오전, 사람들은 어제 마신 와인과 차차(소주와 비슷한 조지아의 전통 술)를 한 후 숙취가 아직 깨지 않아 침대에서 일어나지 못한 때일 것이다.

조지아의 국토를 지도로 살펴보면 수도인 트빌리시를 중심으로 하루씩 다녀올 수 있는 도시들로 이루어져 있다. 단지 풍광이 아름다운 카즈베기Kazbegi와 메스티아Mestia는 따로 다녀오도록 여행코스가 이루어져 있어서 여행하는 데 큰 문제는 없다. 각 지역의 도시들은

도시마다의 특색이 있다. 쿠라^{Kura} 강에 의해 나누어지며 자갈길과 가로수 길로 연결된 올드 타운과 자유 광장을 중심으로 한 중심가는 트빌리시의 핵심이다.

특히 주소와 거리 이름이 헷갈릴 수 있는 오래된 지역을 방문할 계획이라면 반드시 지도가 필요하다. 역사적인 지역은 좁고 시원한 바람이 부는 거리들은 걸어서 구경하는 것이 최고이다. 먼 거리를 버스로 이용한다면 어디로 이동할지 아마 장담하기 힘들 것이기에 한참을 지하로 들어가 지하철을 타고 이동하는 것이 가장 실용적으로 트빌리시를 여행하는 방법일 것이다.

길을 잃는 것도 트빌리시에서는 여행하는 하나의 재미이다. 갓 오븐에서 구워낸 푸리^{Puri}를 만날 수 있는 화덕에서 고소한 냄새를 찾게 될 수도 있고, 북적이는 시내 거리 한 가운데서 예상치 못했던 숨겨진 카페와 마주할 수도 있다.

조지아의 메스티아와 카즈베기의 자연이 만든 작품을 경험하지 않고서는 조지아 여행을 했다고 할 수 없다. 코카서스 산맥이 만들어내 프로메테우스가 탄생한 자연의 걸작들을 만나러 가야 한다. 웅장한 성 코카서스 산맥과 함께 기원 전, 후로 코카서스 산맥의 성당 같은 조지아를 대표하는 두 명소들은 반드시 봐야 할 것이다.

경외롭기까지 한 코카서스 산맥 가까이에 있는 우쉬굴리 마을에 방문해 중세의 역사를 경험하는 것은 시간을 거슬러 올라가는 경험을 할 수 있는 좋은 시간이 된다. 여행이 지쳤다면 마을에 앉아 주민들과 편안하게 앉아 물 한 잔 대접받으면서 여유를 즐기면 된다.

조지아 여행은 음악, 음식과 함께 와인이 곁들여진다. 어디에서나 나만의 방식으로 음식을 즐기면 된다. 힝칼리와 하차푸리만 정통 요리라고 생각하지만 조지 음식은 생각하는 것 그 이상이다. 계절 재료를 이용해 만든 간단하면서도 맛있는 음식들이 지천에 널려 있다.

트레킹을 하고 돌아와 늦은 오후, 광장에서 분홍빛으로 변하는 하늘의 변신을 맞이해 본다. 해가 진 후, 여기저기서 들리는 경쾌한 소리에 맞춰 카페에 앉아 돌아보는 인생은 슬픔과 환희를 생각하게 된다. 그렇게 자연이 들려주는 풍경과 함께 인생을 맛본 여행자의 하루는 간다.

조지아 계절

코카서스 3국은 국토의 면적은 작지만 산의 높이가 3,000m가 넘는 산맥이 위치해 지역마다 날씨가 특색을 가진다.

봄 | 가을

봄과 가을은 짧은 편이다. 또한 날씨가 여름에서 겨울로 겨울에서 봄으로 변화하는 시기에는 날씨의 변화가 심해진다. 또한 카푸카스 산맥이 있는 북쪽은 해발 고도의 차이가 커서 날씨도 변화무쌍하다.

여름

남부에서 오는 건조하고 뜨거운 바람이 북부의 공기와 만나서 여름 평균 온도는 19~22도, 겨울 평균 온도가 1.5~3도로 수치적으로는 온화하다지만 방문하는 지역에 따라 옷차림을 다양하게 준비하는 것이 좋다.

겨울

북쪽의 코카서스 산맥에서 불어오는 차가운 바람은 겨울이면 더욱 혹독해진다.

한 눈에 보는 조지아

러시아 혁명 후 독립선언 당시 선정된 깃으로 1990년에 재차 국기로 지정되었다. 진한 빨강·색은 민속색이다.

- ▶**면적** | 69,700km(2넓기)
- ▶**인구** | 533만 명
- ▶**수도** | 트빌리시(Tbilisi)
- ▶**인종** | 조지아인 71%, 러시아인 9%,
  아르메니아인 7%, 아제르바이젠인 6%
- ▶**언어** | 조지아 어, 러시아어
- ▶**종교** | 조지아 정교, 러시아 정교, 이슬람
- ▶**통화** | 라리(1GEL / 1라리는 우리 돈으로
  500원 정도)
- ▶**시차** | 우리나라보다 5시간 느리다.
- ▶**비자** | 여행 목적일 경우 한국인은 360일(1년)
  까지 무비자 체류가 가능하다.

조지아정교는 외세에 가장 많이 탄압받았음에도 그 특징은 관용이다. 관용은 교회 밖으로 확대된다. 어렵게 자신들의 종교를 지켜온 조지아 인들은 다른 종교에도 관대하다. 조지아인의 83% 정도가 조지아정교를 믿고, 10%는 이슬람교, 2%는 아르메니아정교, 그 외 가톨릭과 신교, 유대교 등을 믿는다.

기후
여름은 덥고 겨울은 비교적 온난하다.

트빌리시의 월 별 평균 기온과 강수량

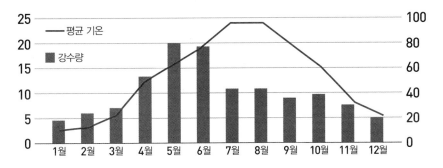

조지아 국경일

1월 1일	신년	5월 14일	타마로바
1월 7일	조지아 정교 크리스마스	5월 26일	독립기념일
1월 19일	에피파니	8월 24일	헌법기념일
3월 8일	여성의 날	8월 28일	마리아모바(성모 승천일)
이동축제일	부활절	10월 14일	스베티츠호브로바
5월 6일	기오르고바	12월 23일	기오르고바

치안
수도 트빌리스의 치안은 나쁘지 않다. 하지만 조지아의 정치적인 불안정, 지역 간 대립 등이 있어 주의하자.

지형
코카서스(러시아명 카프카스) 지역은 동쪽으로 카스피 해, 서쪽으로는 흑해와 아조프 해가 만나는 지점까지 약 1,200㎞ 뻗어있다. 유럽에서 가장 높은 엘 브러즈(5,633m)를 비롯하여 유럽대륙을 대표하는 높은 산들이 밀집해있는, 유럽의 대표적인 산맥이다. 불을 훔친 프로메테우스가 묶였다는, 지구를 받치고 있는 기둥의 하나였던 신화의 산 카즈베기, 노아의 방주가 발견됐다는 아라라트 산 역시 코카서스의 상징이다.

Contents

>> 조지아 여행에 꼭 필요한 Info

o'Vanadzor
Gyumri

ARMENIA

Intro

지리적으로는 아시아에 가깝고, 문화적으로는 유럽에 가까운 코카서스는 초원과 만년설 그리고 와인에 취하는 곳이다. 웅장한 영사의 흔적을 고스란히 품고 있는 코카서스 산맥을 끼고 위치한 조지아가 당신을 유혹하고 있다. 조지아의 만년설에서 바람이 불어온다. 함께 코카서스의 초원을 거닐고 있을 때 시간은 무의미해졌다. 나는 역사에 감동하며 목가적인 풍경을 바라본다.

신이 이 세상 모든 땅을 각 나라 백성들에게 나눠 주고 마지막으로 자신이 머물 곳으로 조지아를 선택했다. 그래서 조지아 사람들은 신을 초대하여 맛있는 와인과 즐거운 노래로 축제를 연다. 조지아에는 스위스처럼 아름다운 자연이 있고, 프랑스처럼 풍부한 와인이 있고, 이탈리아처럼 맛있는 음식이 있으며, 스페인처럼 정열적인 춤과 음악이 있다. 여행 좀 다녀본 사람들에게 '죽기 전에 반드시 가야 할 여행지'로 꼽히는 곳이 바로 조지아다.

19세기 중반에 톨스토이가 코카서스 주둔군에 자원해 4년을 복무한 경험을 바탕으로 코카서스의 죄소, 코사크 소설을 집필했다고 하며 막심 고리키가 1891년, 트빌리시에 왔다가 코카서스 산맥의 장엄함과 사람들의 낭만적인 기질 2가지가 방황하던 나를 작가로 바꾸어 놓았다고 한 나라가 조지아이다.

여행자들은 오래된 교회와 워치타워, 고성과 아름다운 산들로 둘러싸인 조지아를 세계에서 가장 아름다운 나라로 손꼽는다. 점차 우후죽순 생겨나는 레스토랑과 카페도 트빌리시의 고풍스런 건축물과 거리가 멀다. 2003년 조지아의 장미혁명이 지나간 다음 점차 조지아는 서방세계로 고개를 내밀었고 2008년 국경문제를 빌미로 러시아는 조지아를 침공하면서 다시 개방에 제약을 받았다. 시간이 지나며 조지아는 미국과 가까워지고 있다.

코카서스 산맥 남쪽에 위치하며 산이 많은 편으로 흑해에 면한 온난한 서부와 대륙성 기후에 가까운 동부로 나뉜다. 대한민국보다 5시간 늦고 서머타임기간에는 4시간 늦다. 유럽과 아시아의 경계를 이루는 카프카스 산맥 상에 위치한 조지아는 남쪽으로 터키 · 아르메니아에 접해 있다. 남동쪽으로 아제르바이잔, 북쪽으로는 러시아, 서쪽으로 흑해에 면한다. 교통과 교역의 접경지로 역사 초기부터 침략과 점령이 끊이지 않았다. 산악지형으로 인해 분열과 통일을 거듭해 현재까지 존속해 있다. 행정구역은 9개주, 2개 자치공화국으로 구성돼 있고 수도는 트빌리시다.

낯선 조지아는 러시아, 터키, 아르메니아, 아제르바이잔으로 둘러싸여 있는 작은 나라로 아시아와 유럽의 경계인 코카서스 산맥 남쪽에 있어서 아제르바이잔, 아르메니아와 더불어 코카서스 3국이라 불린다. 이 코카서스 3국 중에 조지아를 중심으로 전 세계의 관광객이 몰려들고 있다. 조지아는 오감이 편안해지는 곳이다. 그래서 조지아 여행은 길면 길수록 좋다.

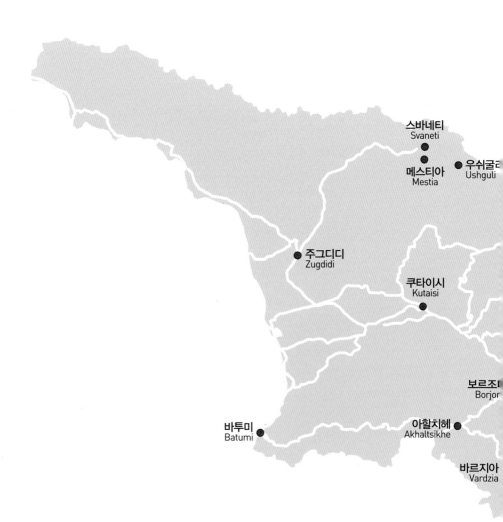

스바네티
Svaneti

우쉬굴ㄹ
Ushguli

메스티아
Mestia

주그디디
Zugdidi

쿠타이시
Kutaisi

보르조
Borjor

바투미
Batumi

아할치헤
Akhaltsikhe

바르지아
Vardzia

카즈베기
Kazbegi

구다우리
Gudauri

츠헤티
Tusheti

아나우리
Ananuri

우플리치스케
Uplistsikhe

고리
Gori

므츠헤타
Mtskheta

텔라비
Telavi

트빌리시
Tbilisi

시그나기
Sighnaghi

다비드 카레자
David Gareja

About 조지아

유럽도 아시아도 아닌 지역에 위치하며 동서양 구분도 애매모호한 조지아는 서쪽은 흑해, 북으로는 러시아, 동으로는 아제르바이잔, 남으로는 아르메니아, 서남으로는 터키와 맞닿아 있다. 이런 조지아는 유럽으로 향하는 가장 빠른 길을 걷고 있다. 이에 관광객이 급격하게 늘어나고 있는 새로운 관광대구을 꿈꾸고 있다.

동유럽의 스위스

조지아에는 스위스처럼 아름다운 자연이 있고, 프랑스처럼 풍부한 와인이 있고, 이탈리아처럼 맛있는 음식이 있으며, 스페인처럼 정열적인 춤이 있다. 여행 좀 다녀본 사람들에게 '죽기 전 반드시 가야 할 여행지'로 꼽히는 곳이다.
캅카스(코카서스) 산맥 남쪽에 자리 잡은 조지아(옛 그루지야)는 한마디로 표현하면 '동유럽의 스위스'라 할 수 있다. 실제로 스위스 사람들도 조지아에 여행을 많이 온다. 이유는 이렇다. 알프스 풍경 사진에서 포토숍으로 케이블카와 호텔 등을 지우면 캅카스의 풍경이 된다는 것이다. 스위스 사람들도 자연 그대로의 풍경은 조지아가 한 수 위라고 인정한다.

가장 오래 조지아를 점령한 러시아와의 관계

1918년 러시아 제국 멸망 후 조지아공화국으로 독립했으나 1922년에 소비에트연방에 흡수되고 말았다. 1991년 구소련연방에서 독립하기 전까지는 러시아식 이름인 '그루지야'로 불렸다. 조지아는 더 이상 그루지야로 불리길 거부하는 이 나라의 영어식 이름이다. 조지아라는 이름의 유래는 수호성인 게오르기우스의 영어식 이름 '조지'에서 찾을 수 있다. 국명을 수호성인 이름에서 따왔을 만큼 조지아 인들은 신앙심이 깊다.

이슬람교 국가들 박해에도 기독교의 일파인 조지아정교를 유지해 왔다. 도시에서 가장 높은 곳마다 남아 있는 유서 깊은 성당이 그 증거다. 조지아정교의 십자가는 포도 줄기로 만들었는데 여기에는 조지아에 기독교를 전파한 성 니노의 전설이 깃들어 있다. 성모마리아로부터 포도나무 십자가를 받은 성 '니노'는 꿈에 조지아에 기독교를 전파하라고 계시를 받았다.

와인의 시작

조지아의 포도 재배 역사는 조지이정교보다 더 오래됐다. 기원전 2000년 전부터는 으깬 포도를 점토 항아리에 넣고 땅에 묻어 발효시킨 와인을 만들었다. 기원전 1000년대 철기시대에 형성돼 9~11세기까지 번성했던 동굴 도시 우플리치헤Uplistsikhe에도 와인 저장고가 남아 있을 정도다. 이처럼 전통적인 방식으로 만든 와인을 크레브리 와인이라 부른다.

조지아 특유의 크베브리Qvevri 와인 양조법은 2013년 유네스코 세계문화 유산으로 등재됐다. 고로, 조지아 여행의 한 축은 조지아정교회를 둘러보는 것, 또 한 축은 메이드 인 조지아 와인과 음식을 맛보는 것이다.

조지아 음식은 시와 같다

위치상 터키의 동쪽, 이란의 북쪽에 자리한 조지아는 소비에트연방이 붕괴한 뒤 1991년 독립했다. 아르메니아·아제르바이잔과 함께 코카서스 3국으로 분류된다. 조지아는 러시아의 문호들이 앞 다퉈 칭송했던 곳이기도 하다. 막심 고리키는 조지아의 철도 기지창에서 페인트공으로 일하면서 첫 작품 〈마카르 추드라〉를 발표했다.

그는 "코카서스 산맥의 장엄함과 그곳 사람들의 낭만적인 기질이 방황하던 나를 작가로 만들어놓았다"라고 말했다. 조지아는 막대한 빚을 지고 도망 온 톨스토이가 주둔군 신분으로 복무했던 곳으로 나중에 이곳을 배경으로 소설을 여러 편 쓰기도 했다. 장기간 조지아를 여행했던 러시아 시인 푸시킨은 '조지아 음식은 하나하나가 시와 같다'라고 칭송했다.

3번째 기독교 공인 국가

기독교는 사도 시몬과 안드레이의 실교를 시작으로, 327년에는 코카서스 이베리아의 국교가 되었다. 조지아는 아르메니아(301년), 로마 제국(313년) 다음으로 세 번째로 오래된 기독교 국가이다. 로마가 조지아에 남긴 중요한 유산 가운데 하나는 기독교 문화로 현재, 조지아정교는 조지아에서 가장 영향력이 큰 기독교 종파이다. 로마가 조지아에 남긴 중요한 유산 가운데 한 가지가 기독교 문화이다.

조지아 정교회

조지아정교는 기독교 계열인데, 교회 건물이 인상적이다. 교회는 가장 '조지아다움'을 보여 주는 공간이다. 조지아는 페르시아(이란), 오스만튀르크(터키), 제정러시아(러시아)에 둘러 싸인 나라였다. 중국과 일본의 숱한 외침을 받았던 우리와 마찬가지로 조지아인들 역시 헤 아릴 수 없이 많은 침략을 받았다. 이슬람 국가들 사이에 있는 기독교 국가라는 지정학적 특수성 때문에 강한 세력이 나오면 언제나 희생양이 되었다.

그런 조지아가 마지막 순간까지 지켜내려 한 것이 바로 조지아정교였다. 조지아 인들은 조 지아를 구성하는 세 요소로 조지아정교, 조지아 어, 와인을 꼽는다. 페르시아, 오스만튀르 크 등 당대의 강대국들이 침입해왔을 때 그들은 마지막 순간을 교회를 둘러싼 성 위에서 맞았다. 코카서스 산맥 깊숙이 피난을 가면서도 먹을 것 대신 교회의 성물을 챙겼다는 것 이다.

조지아에 관광객이 늘어나는 이유

와인의 발상지

보통 여행을 하면 대부분의 여행자가 맥주를 많이 마시는데 조지아를 여행하면 식사시간
에 와인이 함께 같이한다. 그만큼 조지아는 와인과 밀접한 나라이다. 고고학자들은 조지아
에서의 와인 생산의 시작은 남부 코카서스 사람들이 겨울 동안 덮어져 있던 작은 구덩이
속의 야생 포도의 주스가 와인으로 변하는 것을 발견한 때로 거슬러 올라간다고 한다.

BC 4,000 년경 이곳으로 이주해온 지금의 조지아 사람들이 포도를 재배하고 땅속에 항아
리(크베브리)를 묻고 와인을 보관하는 것을 알게 되었다. 4세기에는 조지아가 기독교 국가
가 되면서 와인이 더 중요한 역할을 하게 되는데 Saint Nino(성녀 니노)가 포도 나무로 된
십자가를 지녔다고 한다.

어디에나 자연

날씨가 화창한 날에 도시락을 싸서 푸쉬킨 공원 같은 경치 좋고 공기 좋은 곳으로 걸어서 갈 수 있다. 날씨 좋은 오후에 책 한 권 들고 가 여유를 즐기기에 완벽한 곳이 조지아이다. 싱그러운 나무와 부드러운 잔디가 둘러싼 호수와 산이 여행자를 머물게 하는 최고의 쉼터 이다.

수도인 트빌리시만 벗어나면 도시는 온데간데없고 끝이 없는 자연이 여행자를 맞이한다. 4,000 이상의 산은 높지도 않은 산이라고 하는 조지아에서는 자연과 함께 트레킹 하는 즐 거움을 맛볼 수 있다.

다양한 문화

여행 중 교양을 쌓고 지식을 넓히고 싶다면 미술관 같은 문화적 명소를 방문하면 된다. 조지아는 국립미술관에서 아티스트의 손끝에서 만들어진 경이로운 세계를 만나볼 수 있는 다양한 문화가 있다. 또한 조지안 국립 박물관 같은 역사적인 내용도 많다. 아바노투바니 유황 온천에서 몇 천 년을 이어온 온천을 즐기는 등 새로운 문화적 경험을 즐길 수 있다.

끝없는 이민족의 침입

과거에 벌어졌던 전쟁을 느낄 수 있는 나리칼라 요새나 메테히 교회, 즈바리 수도원 등은
조지아 정교회 등의 종교적 분위기를 경험할 수 있는 관광 명소이다. 성 삼위일체 대성당,
시오니 성당도 종교적 색채를 느낄 수 있다.

이국적인 트빌리시

지어진 지 오래됐든 아니든, 활기차든 조용하든, 다채롭든 단순히든 모든 광장은 노시에 관한 많은 정보를 알려준다. 광장을 가면 광장에서 들려오는 다양한 모습을 느낄 수 있다. 구시가지뿐만 아니라 평화의 다리, 다양한 성당과 함께 섞인 모스크가 이국적인 분위기를 나타낸다.

트빌리시의 역사적 매력을 느껴볼 수 있는 명소인 바흐탕 고르가사리 왕 기념관, 오페라, 발레 극장, 루스타벨리 국립극장에서는 마음을 사로잡을 멋진 공연들이 있다.

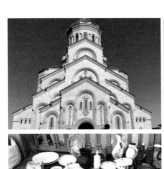

조지아의 대표적인 동굴 도시 Best 3

바르지아(Vardzia)

타마다 여왕이 사용하던 수도원의 기능을 한 동굴 도시로 조지아에서 가장 보존이 잘되어 있는 곳이다. 바르지아 동굴 도시를 투어로 이용하면 90분 이상이 소요되므로 사전에 물과 선크림을 준비해 가는 것이 편리하다.

우플리스치헤(Uplistsikhe)

트빌리시 인근 도시인 고리^{Gori}에서 가깝기 때문에 투어로 고리를 선택하면 먼저 다녀오는 동굴도시이다. 700개가 넘는 동굴 도시로 실제로 도시의 기능을 수행한 곳이다. 규모는 바르지아^{Vardzia}보다 작은 규모이지만 이동하는 것이 편리한 장점이 있다.

다비드 가레자(David Gareja)

수도인 트빌리시에서 거리상으로 멀지는 않지만 가장 작은 규모이고 이동이 제한적이며, 아제르바이잔과의 국경에 인접해 있어 관광객이 많이 찾지는 않는다.

조 지 아
여 행 에
꼭필요한
I N F O

조지아 역사

기원전 8세기~기원전 189년
기원진 8세기에 그리스인들이 이 지역에 식민지 도시를 세운 뒤, 기원전 7세기에는 아나톨리아에서 온 사람들이 이베리아왕국을 건설한 데서 기원한다. 기원전 550년부터 300년 사이에 페르시아와 알렉산드로스대왕의 마케도니아왕국, 셀레우코스제국의 지배를 차례로 받다가 기원전 189년 로마에 편입되었다.

기원후 400년~600년
비잔티움제국과 페르시아의 지배를 받다가 7세기 중반 이슬람의 침입을 받은 후 1060년 셀주크터키에 편입되어 2세기까지가 황금기였다.

7~19세기
7세기 중반 이슬람의 침입, 11세기 셀주크투르크 침략, 13세기에 몽골의 침입, 15세기의 티무르의 침입으로 지속된 핍박의 세월로 파괴되었다. 그 후, 작은 공국으로 나뉘어 다투다가 페르시아의 사파비조와 오스만 투르크에게 차례로 점령당하고 800년 동안 통치를 당한다.

1870~1990년
1870년 신흥강국 러시아에 편입된 뒤, 1936년 소비에트연방 속의 공화국 중 하나였다가 1989년 소련군의 발포로 수십 명이 사망하는 사건 이후 1991년 4월 9일 독립을 쟁취한다. 지금도 압하스와 남 오세티야 지방은 러시아와 분쟁지역으로 남아 있어 2009년에 러시아의 침공을 당하기도 했다.

1991년~ 현재
현재, 조지아는 유럽과 아시아 사이의 코카서스산맥 남쪽과 흑해 동쪽에 위치한 공화국이다. 북쪽은 러시아, 남쪽은 터키와 아제르바이잔, 남동쪽은 아르메니아와 국경을 접하고 있다. 수도는 트빌리시로 친 서방정책을 펼치며 관광대국으로 발전하고 있다.

치안

수도 트빌리스의 치안은 나쁘지 않다. 하
지만 조지아의 정치적인 불안정, 지역 간
대립 등이 있어 주의하자.

지형

코카서스(러시아명 카프카스) 지역은 동쪽으로 카스피 해, 서쪽으로는 흑해와 아조프 해가
만나는 지점까지 약 1,200㎞ 뻗어있다. 유럽에서 가장 높은 엘 브러즈(5,633m)를 비롯하여
유럽대륙을 대표하는 높은 산들이 밀집해있는, 유럽의 대표적인 산맥이다. 불을 훔친 프로
메테우스가 묶였다는, 지구를 받치고 있는 기둥의 하나였던 신화의 산 카즈베기, 노아의
방주가 발견됐다는 아라라트 산 역시 코카서스의 상징이다.

역사적 인물

성녀 니노(St. Nino)

전설에 따르면, 그녀는 기적의 치유를 수행하고 조지아 여왕인 나나와 이베리아의 이교도 왕이었던 미리안 3세를 개종시켰다. 미리안 3세는 사냥을 나갔다가 어둠 속에서 길을 잃고 헤맸다. 그는 '니노의 신'에게 기도를 한 후에야 길을 찾았다. 그 이후, 미리안 3세는 기독교를 공인하였고 니노는 죽을 때까지 선교 활동을 계속했다. 그녀의 무덤은 조지아 동부 카케티Kaketi의 보드베 수도원에 있다. 성녀 니노St. Nino는 조지아 정교회에서 가장 존경받는 성로 '포도나무 십자가'는 조지아 기독교의 상징으로 자리 잡았다.

바흐탕 고르가살리(Vakhtang Gorgasali)

6세기 경 이베리아 왕국의 왕, 바흐탕 고르가살리는 사냥을 나왔다가 유황온천을 발견하게 되었고, 도시를 건설하라는 명을 내린다. 그 후에 주교가 관할하여 바흐탕 고르가살리의 바램에 따라 성을 축조하였다. 트빌리시 도시를 건설하여 므츠헤타에서 트빌리시로 수도를 천도한다. 당시는 페르시아의 영향권 하에 있었기 때문에 그는 새로운 세력을 데리고 나라를 건설하기 위해 새로운 도시를 만드는 시기에 그를 대항한 행동을 했다는 점으로 보아 조지아를 페르시아의 영향에서 빠져 나오는 데 공을 세운 왕으로 평가받는다. 그러나 6세기 초, 503년에 조지아 대군은 페르시아에 대항해서 저항했지만, 전투에서 바흐탕 고르가살리 왕은 치명적인 부상을 입고 페르시아에게 패배했다. 그 이후, 다시 조지아는 400년 이상, 페르시아의 통치하에 있었다.

타마르 여왕(Thamar | 1184~1213)

타마르 여왕의 통치기는 조
지아 힘의 절정을 상징한다.
다비트 4세의 증손녀 타마
르 여왕은 결국 페르시아를
계속 격파하여 이란 북서부
일대의 아르빌과 타브리즈
를 정복하여 조지아의 르네
상스를 일으킨 여왕으로 평
가받는다.

50라리 화폐에 있는 타마르 여왕

1194~1204년에 타마르의 군
대들은 남쪽과 남쪽에서 온 새로운 터키군의 침략을 격퇴하고, 터키가 통제하던 남아르메
니아 방면으로 영토를 확대했다. 그 결과, 대부분의 남 아르베니아를 조지아의 통제권 아
래로 가져왔다. 동로마 제국이 제4차 십자군에 의해 잠시 멸망당했을 때 세워진 오늘날의
터키 동부에 해당하는 지역을 보호령으로 삼으면서 전성기를 맞았다. 타마르 여왕 때, 조
지아 왕국은 건축, 문학, 철학과 과학이 발전시킬 수 있었다.

쇼타 루스타벨리(Shota Rustaveli | 1172~1216)

12세기, 조지아의 국민 시인
으로 국가적인 서사시 '표범
가죽을 두른 기사'의 저자로,
조지아 문학사에서 가장 위
대한 시인으로 평가받고 있
다. 그는 조지아의 힘이 절정
에 올랐던 타마르 여왕 시대
에 궁정 시인으로 활동했다.
조지아 문학 발전에 크게 기
여한 서사시 '호피를 두른 용

100라리 화폐에 있는 쇼타 루스타벨리

사(ვეფხისტყაოსანი)'의 저자이지만 쇼타 루스타벨리Shota Rustaveli에 대한 동시대의 자료는
거의 남아 있지 않다. 루스타벨리Rustaveli는 마을의 이름 '루스타비'에서 유래했다. 지역의
이름과 관련이 있는 별칭이라 할 수 있다. 정확히 어느 지역인지는 확인되지 않았다.
현재 조지아는 화폐에 쇼타 루스타벨리Shota Rustaveli의 초상을 그려 넣고, 수도인 트빌리시
에 루스타벨리 거리를 만들어 기념하고 있다. 그를 시문학의 거장으로 숭배하고, 그의 이
름을 민족의 영광으로 생각한다.

니코 피로스마니(Niko Pirosmani | 1862-1918)

니코 피로스마니는 사후에 유명해진 조지아의 원초주의 화가이다. 농부의 아들로 태어나 화가의 꿈을 가진 니코 피로스마니는 죽을 때까지 가난하게 살았다.

그가 죽은 원인도 영양실조로 인한 간기능 부전이라고 한다. 니코 프로스마니는 곳곳이 그림을 그렸고 걸작을

1라리 화폐에 있는 피로스마니

탄생시켰다. 화가, 반 고흐처럼 사후에 재조명 받기 시작했다. 니코 프로스마니는 그의 묘지 위치를 확인할 수 없을 정도로 생전에 무시 받았다.

Actress Margarita, 1909

그림 속 여자는 니코 피로스마니가 짝사랑한 여인이다. 니코 피로스마니가 프랑스 출신 여배우에 사랑에 빠져 자신의 마음을 표현하기 위해 자신의 집과 작품을 모두 팔아 온 거리를 뒤엎을 장미꽃을 준비해 사랑을 고백했지만 거절당했다.

그림에서 피로스마니의 사랑이 담긴 장미는 여인의 아름다움을 표현하는데, 여인은 온몸을 흰색으로 표현하여 여인의 순수함을 상징한다. 비극성이 작품을 매력적으로 만들기도 했을 것이다. 자신의 사랑을 표현하기 위해 자신의 재산을 장미 구입에 쓴 피로스마니의 행동은 다양한 시각으로 지금까지 바라보게 된다.

백만 송이 장미 노래의 유래

'백만송이 장미' 노래는 우리에게 심수봉의 '백만송이 장미'로 사랑에 대한 노래로 알려져 있지만 라트비아의 독립에 대한 염원과 아픔 등을 닮은 노래였다. 라트비아의 가요 '마라가 준 인생(Davaja Marina)'이란 곡을 러시아어로 번안한 곡이다. 러시아의 가수 알라 푸가쵸바가 불러 대중에게 알려졌다. 이 곡은 핀란드와 스웨덴, 헝가리, 대한민국, 일본에서도 번안되어 널리 알려졌다.

초기 백만송이 장미(라트비아)
'백만송이 장미'의 원곡인 '마라가 딸에게 준 삶(Dāvāja Māriņa meitiņai mūžiņu'은 1981년 라트비아의 방송국이 주최한 가요 경진대회에 출전한 아이야 쿠쿨레(Aija Kukule), 리가 크레이츠베르가(Līga Kreicberga)가 불러 우승한 노래이다.

가사 내용
'백만송이 장미'와 전혀 다른 내용으로 당시 소련 치하에 있던 라트비아의 역사적 아픔과 설움을 은유적으로 표현한 것이다. 지모신이자 운명의 여신 마라가 라트비아라는 딸을 낳고 정성껏 보살폈지만 가장 중요한 행복을 가르쳐주지 못하고 그냥 떠나버렸기 때문에 성장한 딸에게 기다리고 있는 것은 독일과 러시아의 침략과 지배라는 끔찍한 운명이었다는 이야기를 표현하고 있다.

마리냐는 딸에게 생명을 주었지만

딸에게 행복을 선물하는 걸 잊으셨다네.

순례자인 어머니가 순례자인 딸을 낳은 아프지만 아름다운 세상

늘 함께 살고 싶어도 함께 할 수 없는 엄마와 딸이

서로를 감싸주며 꿈에서도 하나 되는 미역빛 그리움이여

인기를 얻은 러시아 노래
알라 푸가쵸바가 불러 대중에 널리 알려진 곡 '백만송이 장미'의 가사는 안드레이 보즈네센스키가 작사한 것으로, 화가, 니코 피로스마니가 프랑스 출신 여배우에 사랑에 빠졌던 일화를 바탕으로 쓴 것이다. 1982년 싱글판으로 발매했다.

조지아 여행 밑그림 그리기

우리는 여행으로 새로운 준비를 하거나 일탈을 꿈꾸기도 한다. 여행이 일반화뇌기도 했지 민 아직노 여행을 두려워하는 분들이 많다. 조지아 여행자가 증가하고 있다. 그러나 어떻게 여행을 해야 할지부터 걱정을 하게 된다. 아직 정확한 자료가 부족하기 때문이다. 지금부터 조지아 여행을 쉽게 한눈에 정리하는 방법을 알아보자. 조지아 여행준비는 절대 어렵지 않다. 단지 귀찮아 하지만 않으면 된다. 평소에 원하는 조지아 여행을 가기로 결정했다면, 준비를 꼼꼼하게 하는 것이 중요하다.

일단 관심이 있는 사항을 적고 일정을 짜야 한다. 처음 해외여행을 떠난다면 조지아 여행도 어떻게 준비할지 몰라 당황하게 된다. 먼저 어떻게 여행을 할지부터 결정해야 한다. 아무것도 모르겠고 준비를 하기 싫다면 패키지여행으로 가는 것이 좋다. 조지아 여행은 주말을 포함함 6박7일, 7박8일, 13박14일 여행이 가장 일반적이다. 해외여행이라고 이것저것 많은 것을 보려고 하는 데 힘미 들고 남는 게 없는 여행이 될 수도 있으니 욕심을 버리고 준비하는 게 좋다. 여행은 보는 것도 중요하지만 같이 가는 여행의 일원과 같이 잊지 못할 추억을 만드는 것이 더 중요하다.

다음을 보고 전체적인 여행의 밑그림을 그려보자.

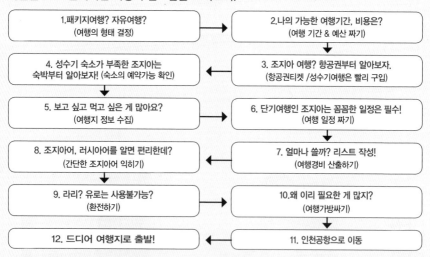

결정을 했으면 일단 항공권을 구하는 것이 가장 중요하다. 전체 여행경비에서 항공료와 숙박이 차지하는 비중이 가장 크지만 너무 몰라서 낭패를 보는 경우가 많다. 평일이 저렴하고 주말은 비쌀 수밖에 없다. 러시아항공과 터키 항공부터 확인하면 항공료, 숙박, 현지경비 등 편리하게 확인이 가능하다.

패키지여행 VS 자유여행

전 세계적으로 조지아로 여행을 가려는 여행자가 늘어나고 있다. 최근 몇 년 동안 대한민국 여행자의 조지아 여행은 빠르게 늘어나고 있지만 아직은 많은 사람들이 가는 여행지는 아니다. 동유럽이라고 하기에는 상당히 멀고 중동이라고 하기에는 종교적으로 기독교 문화권이기 때문에 아직 난감한 여행지였다. 그래서 최근에서야 알려지고 있지만 막상 여행을 떠나려고 하면, 고민하는 것은 여행정보는 어떻게 구하지? 라는 질문이다.

그만큼 조지아에 대한 정보가 매우 부족한 상황이다. 그래서 처음으로 조지아를 여행하는 여행자들은 패키지여행을 선호하거나 여행을 포기하는 경우가 많았다. 20~30대 여행자들이 늘어남에 따라 패키지보다 자유여행을 선호하고 있다. 수도인 트빌리시를 여행하고 이어서 동부의 시그나기, 북부의 카즈베기, 서부의 쿠타이시, 서북부의 메스티아까지 조지아에는 다녀올 여행지가 상당히 많다. 조지아의 서북부, 북부만의 7~10일이나, 조지아 중부, 동부까지 2주 이상의 여행 등 새로운 형태의 여행형태가 늘어나고 있다. 무비자로 1년 동안 체류가 가능하기 때문에 한 달 이상의 장기여행을 할 수도 있다.

편안하게 다녀오고 싶다면 패키지여행

조지아 여행을 가고 싶은데 정보가 없고 나이도 있어서 무작정 떠나는 것이 어려운 여행자들은 편안하게 다녀올 수 있는 패키지여행을 선호한다. 다만 아직까지 많이 가는 여행지는 아니다 보니 패키지 상품의 가격이 저렴하지는 않다. 여행일정과 숙소까지 다 안내하니 몸만 떠나면 된다.

연인끼리, 친구끼리, 가족여행은 자유여행 선호

2주 이상의 긴 여행이나 젊은 여행자들은 패키지여행을 선호하지 않는다. 특히 유럽 여행을 몇 번 다녀온 여행자는 조지아에서 자신이 원하는 관광지와 맛집을 찾아서 다녀오고 싶어 한다. 여행지에서 원하는 것이 바뀌고 여유롭게 이동하며 보고 싶고 먹고 싶은 것을 마음대로 찾아가는 연인, 친구, 가족의 여행은 단연 자유여행이 제격이다.

조지아 숙소에 대한 이해

조지아 여행이 처음이고 자유여행이면 숙소예약이 의외로 쉽지 않다. 자유여행이라면 숙소에 내한 선택권이 크지만 선택권이 큰 것이 오히려 난감해질 때가 있다. 조지아 숙소의 전체적인 이해를 해보자.

1. 숙소의 위치
수도인 트빌리시 시내에서 관광객은 유럽처럼 시내에 주요 관광지가 몰려있는 장점이 있다. 따라서 숙소의 위치가 중요하다. 트빌리시의 대부분의 숙소는 도시에 몰려 있기 때문에 시내에서 떨어져 있다면 이동하는 데 시간이 많이 소요되어 좋은 선택이 아니다. 먼저 시내에서 얼마나 떨어져 있는지 먼저 확인하자. 또한 올드타운, 루스타벨리 거리 근처인지를 확실하게 확인해야 한다.

2. 숙소예약 앱의 리뷰를 확인하라.
조지아 숙소는 몇 년 전만해도 호텔과 호스텔이 전부였다. 하지만 에어비앤비를 이용한 아파트도 있고 다양한 숙박 예약 앱도 생겨났다. 가장 먼저 고려해야 하는 것은 자신의 여행 비용이다. 항공권을 예약하고 남은 여행경비가 1주일에 20만 원 정도라면 호스텔이나 저렴한 호텔을 이용하라고 추천한다. 수도인 트빌리시에는 많은 호스텔이 있어서 호스텔도 시설에 따라 가격이 조금 달라진다. 숙소예약 앱의 리뷰를 보고 한국인이 많이 가는 호스텔로 선택하면 문제가 되지는 않을 것이다.

3. 내부 사진을 꼭 확인
호텔의 비용은 2~15만 원 정도로 저렴한 편이다. 호텔의 비용은 우리나라호텔보다 저렴하지만 시설이 좋지는 않다. 오래된 건물은 아니지만 관리가 잘못된 호텔이 의외로 많다. 반드시 룸 내부의 사진을 확인하고 선택하는 것이 좋다.

4. 에어비앤비를 이용해 아파트를 이용
시내에서 얼마나 떨어져 있는지를 확인하고 숙소에 도착해 어떻게 주인과 만날 수 있는지 전화번호와 아파트에 도착할 수 있는 방법을 정확히 알고 출발해야 한다. 아파트에 도착했어도 주인과 만나지 못해 아파트에 들어가지 못하고 1~2시간만 기다려도 화도 나고 기운도 빠지기 때문에 여행이 처음부터 쉽지 않아진다.

5. 조지아 여행에서 민박을 이용
여행자는 한국인이 운영하는 민박을 찾고 싶어 하는데 민박은 없다고 생각하는 것이 좋다. 한국인이 많이 사는 나라는 아니기 때문이다. 민박보다는 호스텔이나 게스트하우스, 홈스테이에 숙박하는 것이 더 좋은 선택이다.

알아두면 좋은 체코 이용 팁

1. 미리 예약해도 싸지 않다.
일정이 확정되고 호텔에서 머물겠다고 생각했다면 먼저 예약해야 한다. 임박해서 예약하면 같은 기간, 같은 객실이어도 비싼 가격으로 예약을 할 수 밖에 없다는 것이 호텔 예약의 정석이지만 여행일정에 임박해서 숙소예약을 많이 하는 특성을 아는 숙박업소의 주인들은 일찍 예약한다고 미리 저렴하게 숙소를 내놓지는 않는다.

2. 취소된 숙소로 저렴하게 이용한다.
조지아에서는 숙박당일에도 숙소가 새로 나온다. 예약을 취소하여 당일에 저렴하게 나오는 숙소들이 있다. 조지아는 수도인 트빌리시도 숙소의 취소율이 의외로 높아서 잘 활용할 필요가 있다.

3. 후기를 참고하자.
호텔의 선택이 고민스러우면 숙박예약 사이트에 나온 후기를 잘 읽어본다. 특히 한국인은 까다로운 편이기에 후기도 적나라하게 숙소에 대해 평을 해놓는 편이라서 숙소의 장, 단점을 파악하기가 쉽다. 조지아 숙소는 의외로 저렴하고 내부 사진도 좋다고 생각해도 의외로 직접 머문 여행자의 후기에는 당해낼 수 없다. 트빌리시 시내의 올드 타운의 유명한 호스텔에 내부 사진도 좋고 가격도 저렴하게 책정되어 예약을 하고 가봤는데 지저분하고 침대에서 한 번 뒤척이면 메트리스 스프링이 꺼질 듯이 내려앉아 움직이지 못하고 잠을 청했던 기억도 있다.

4. 미리 예약해도 무료 취소기간을 확인해야 한다.
미리 호텔을 예약하고 있다가 나의 여행이 취소되든지, 다른 숙소로 바꾸고 싶을 때에 무료 취소가 아니면 환불 수수료를 내야 한다. 그러면 아무리 할인을 받고 저렴하게 호텔을 구해도 절대 저렴하지 않으니 미리 확인하는 습관을 가져야 한다.

5. 에어컨이 없다?
조지아의 북부인 카즈베기나 서북부의 메스티아에는 자연적 분위기에서 머물 수 있는 농장은 현지인의 공간을 같이 사용하여 인기가 많다. 하지만 냉장고도 없는 기본 시설만 있는 것뿐만 아니라 에어컨이 아니고 선풍기만 있는 방갈로가 의외로 많다. 가격이 저렴하다고 무턱대고 예약하지 말고 에어컨이 있는 지 확인하자. 최근에 조지아에서는 여름에 꽤나 더운 날이 이어지고 있어서 에어컨이 쾌적한 여행을 하는 데에 중요하다.

숙소 예약 사이트

부킹닷컴(Booking.com)
에어비앤비와 같이 전 세계에서 가장 많이 이용하는 숙박 예약 사이트이다. 체코에도 많은 숙박이 올라와 있다.

Booking.co
부킹닷컴
www.booking.com

에어비앤비(Airbnb)
전 세계 사람들이 집주인이 되어 숙소를 올리고 여행자는 손님이 되어 자신에게 맞는 집을 골라 숙박을 해결한다. 어디를 가나 비슷한 호텔이 아닌 현지인의 집에서 숙박을 하도록 하여 여행자들이 선호하는 숙박 공유 서비스가 되었다.

airbnb
에어비앤비
www.airbnb.co.kr

조지아 여행 물가

조지아 여행의 가장 큰 장점은 매우 저렴한 물가이다. 조시아 여행에서 큰 비중을 차지하는 것은 항공권과 숙박비이다. 항공권은 직항이 없고 대부분은 터키나 러시아, 중동을 경유하여 조지아의 트빌리시까지 가는 항공을 찾아서 출발해야 한다. 숙박은 저렴한 호스텔이 원화로 5,000원대부터 있어서 항공권만 빨리 구입해 저렴하다면 숙박비는 큰 비용이 들지는 않을 수 있다. 좋은 호텔에서 머물고 싶다면 더 비싼 비용이 들겠지만 호텔의 비용은 저렴한 편이다.

왕복 항공료 | 81~108만원
버스, 기차 | 3~10만원
숙박비(1박) | 1~10만원
한 끼 식사 | 2천~4만원
입장료 | 2,700~10,000원

구분	세부 품목	3박4일	6박7일
항공권	러시아항공, 터키항공	810,000~1080,000원	
택시, 버스, 기차	택시, 버스, 기차	약 4~30,000원	
숙박비	한 끼	15,000~300,000원	30,000~600,000원
식사비	버스, 택시	2,000~30,000원	
시내교통	관광지 및 박물관 등	2,000~30,000원	
입장료	모든 품목	2,000~8,000원	
		약 1,270,000원~	약 1,790,000원~

조지아 여행 계획 짜기

1. 주중 or 주말

조지아 여행도 일반적인 여행처럼 비수기와 성수기가 있고 요금도 차이가 난다. 7~8월, 12월의 성수기를 제외하면 항공과 숙박요금도 차이가 있다. 비수기나 주중에는 할인 혜택이 있어 저렴한 비용으로 조용하고 쾌적한 여행을 할 수 있다.

주말과 국경일을 비롯해 여름 성수기에는 항상 관광객으로 붐빈다. 황금연휴나 여름 휴가철 성수기에는 항공권이 매진되는 경우가 발생하고 있다.

2. 여행기간

조지아 여행을 안 했다면 미국의 조지아는 알아도 "조지아가 어디야?"라는 말을 할 수 있다. 하지만 일반적인 여행기간인 1주일의 여행일정으로는 모자란 여행지가 조지아이다. 조지아 여행은 대부분 6박 8일이 많지만 조지아의 깊숙한 면까지 보고 싶다면 2주일 여행은 가야 한다.

3. 숙박

성수기가 아니라면 조지아의 숙박은 저렴하다. 숙박비는 저렴하고 가격에 비해 시설은 좋다. 주말이나 숙소는 예약이 완료된다. 특히 여름 성수기에는 숙박은 미리 예약을 해야 문제가 발생하지 않는다.

4. 어떻게 여행 계획을 짤까?

먼저 여행일정을 정하고 항공권과 숙박을 예약해야 한다. 여행기간을 정할 때 얼마 남지 않은 일정으로 계획하면 항공권과 숙박비는 비쌀 수밖에 없다. 특히 조지아처럼 항공편이 많지 않은 여행지는 항공료가 쉽게 상승한다.

터키에서 저가 항공이 취항하고 있으니 그것을 잘 활용하면 저렴하게 이동이 가능할 수도 있다. 숙박시설도 호스텔로 정하면 저렴한 비용에 지낼 수 있다. 유심을 구입해 관광지를 모를 때 구글맵을 사용하면 쉽게 찾을 수 있다.

5. 식사

조지아 여행의 가장 큰 장점은 물가가 매우 저렴하다는 점이다. 그렇지만 고급 레스토랑은 조지아도 비싼 편이다. 한 끼 식사는 하루에 한번은 비싸더라도 제대로 식사를 하고 한번은 조지아 사람들처럼 저렴하게 한 끼 식사를 하면 적당하다. 시내의 관광지는 거의 걸어서 다닐 수 있기 때문에 투어비용은 도시를 벗어난 투어를 갈 때만 추가하면 된다.

조지아 여행 추천일정

조지아 여행에 대한 정보가 부족한 상황에서 '어떻게 여행계획을 세울까?'라는 걱정은 누구나 가지고 있다. 하지만 조지아도 역시 유럽의 나라를 여행하는 것과 동일하게 도시를 중심으로 여행을 한다고 생각하면 여행계획을 세우는 데에 큰 문제는 없을 것이다.
(조지아뿐만 아니라 아르메니아와 아제르바이잔까지 같이 여행하는 여행자를 위해 여행코스는 같이 설명하였다.)

1. 먼저 지도를 보면서 입국하는 도시와 출국하는 도시를 항공권과 같이 연계하여 결정해야 한다. 패키지 상품은 아제르바이잔의 바쿠나 아르메니아의 예레반부터 여행을 시작하고 배낭 여행자는 터키 여행과 연계하기 위해 이스탄불에서 트빌리시로 건너와 여행을 시작한다.
대부분의 패키지 상품은 러시아항공, 터키항공을 주로 이용하므로 모스크바와 이스탄불을 경유한다. 코카서스 3국은 양 옆으로 삼각형의 국토를 가진 나라들이기 때문에 흑해 해에 접한 북쪽의 조지아와 아르메니아를 통해 트빌리시나 예레반으로 입국을 한다면 조지아만 여행을 하거나 아르메니아의 예레반에서 세반을 거쳐 트빌리시로 올라간다.

아제르바이잔 여행을 같이 하고 싶다면 아르메니아부터 시작해 조지아를 거쳐 아제르바이잔으로 이동하면서 입국과 출국 나라를 결정해야 한다. (아르메니아와 아제르바이잔은 분쟁국이므로 아르메니아에서 아제라바이잔으로 직접 입국할 수 없다.)

2. 조지아만 여행을 한다면 트빌리시에서 IN / OUT을 하면 되므로 동부와 서부, 북부 지역 중 어느곳을 먼저 여행할지 결정해야 한다. 여행을 하는 방법은 렌트카와 버스, 투어상품 을 이용할 수 있다. 예전에는 버스를 많이 이용했지만 점차 투어 상품으로 조지아 전역을 여행하는 것이 일반화되고 있다. 왜냐하면 버스로 이동하려고 한다면 시간이 상당히 오랫 동안 소요되기 때문이다.

3. 입국 도시가 결정되었다면 여행기간을 결정해야 한다. 코카서스 3국 전체를 여행한다면 의외로 볼거리가 많아 여행기간이 길어질 수 있다.

4. 코카서스 3국의 아르메니아와 아제르바이잔은 3일 정도, 조지아는 7일 정도를 배정하고 IN / OUT을 결정하면 여행하는 코스는 쉽게 만들어진다. 각 나라의 추천여행코스를 활용 하자.

5. 10~14일 정도의 기간이 코카서스 3국을 여행하는데 가장 기본적인 여행기간이다. 그래 야 중요 도시들을 보며 여행할 수 있다. 물론 2주 이상의 기간이라면 대부분의 코카서스 3 국을 여행할 수 있지만 개인적인 여행기간이 있기 때문에 각자의 여행시간을 고려해 결정 하면 된다.

| 7일코스 |

트빌리시 → 므츠헤타 → 아나누리 → 스테판츠민다 → 고리 → 보르조미 → 쿠타이시 →
바투미 → (항공기 이동) → 트빌리시

| 10일코스 |

(아르메니아)예레반 → 가르니 → 게하르트 → 에치미아진 → 세반 → (조지아)트빌리시 →
므츠헤타 → 아나누리 → 스테판츠민다 → 고리 → 보르조미 → 쿠타이시 → 바투미 → (항
공기 이동) → 트빌리시

| 14일(2주)코스 |

(아르메니아)예레반 → 가르니 → 게하르트 → 에치미아진 → 세반 → (조지아)트빌리시 →
시그나기 → 므츠헤타 → 아나누리 → 구다우리 → 스테판츠민다 → 우플리스치해 → 고
리 → 보르조미 → 쿠타이시 → 바투미 → (항공기 이동) → 트빌리시

조지아 여행코스

1. 조지아는 대한민국의 70% 정도의 국토를 가진 작은 나라이다. 그래서 도시를 이동하는
시간이 짧은 편이다. 물론 메스티아는 고산지대이라서 버스로 이동하는 시간이 길다. 최근
에는 비행기로 메스티아로 바로 가는 방법을 선호하는 편이다.

2. 유럽의 나라를 여행하는 것과 동일하게 도
시를 중심으로 여행을 한다고 생각하면 여행
계획을 세우는 데에 문제는 없다. 트빌리시에
서 동부, 북부, 서부로 여행을 다녀오는 형태
로 여행계획을 세워야 한다. 동부에서 바로
북부로 올라가는 도로가 없고 북부에서 서부
로 가는 도로도 없다. 그러므로 트빌리시가

거점도시로 역할을 해야 하므로 트빌리시에서 숙박은 계속하고 1~2일여행코스로 다녀오
는 방법을 선택하는 것이 가장 좋은 방법이다.

| 빠른 7일코스 |

트빌리시 → 므츠헤타 → 아나누리 → 스테판츠민다 → 고리 → 보르조미 → 쿠타이시 →
트빌리시

| 핵심 7일코스 |

트빌리시 → 므츠헤타 → 아나누리 → 스테판츠민다 → 시그나기 → 트빌리시

| 일반적인 10일 여행코스 |
트빌리시 → 므츠헤타 → 시그나기 → 아나누리 → 구다우리 → 스테판츠민다 → 메스티
아 → 우쉬굴리 → 주그디디 → 트빌리시

| 조지아 전역 14일 여행코스 |
트빌리시 → 므츠헤타 → 시그나기 → 아나누리 → 구다우리 → 스테판츠민다 → 고리 →
보르조미 → 쿠타이시 → 메스티아 → 우쉬굴리 → 주그디디 → 바투미 → (항공기 이동)
→ 트빌리시

음식

해가 저물면 조지아의 거리에서 숯불에 고기 굽는 향이 코에 다가온다. 한때 푸시킨이 극찬한 조지아 음식을 먹고 싶어진다. 어디를 가도 저렴하게 조지아 음식을 즐길 수 있다. 조지아 전통음식은 힝칼리Khinkali, 하차푸리Khachapuri, 로비아니Lobiani 등이다. 호두 소스와 치킨 요리, 호두 소스와 가지 요리, 호두 소스와 오이 토마토 샐러드를 특히 좋아한다.

므츠바디(Mtsvadi)

러시아어로 '샤슬릭'이라고도 불리는 므츠바디Mtsvadi는 고기를 잘라 소금, 후추, 와인 등으로 간을 알맞게 한 다음 쇠꼬챙이에 꽂아 굽는 요리다. 조지아에선 포도나무 가지로 불을 피운 뒤 그 잔열에 익히는 것이 특징이다. 양고기, 소고기, 닭고기는 물론 주변 이슬람 국가와 달리 돼지고기 츠와디도 맛볼 수 있다.

하차푸리(Khachapuri)

피자를 닮은 하차푸리는 안에 치즈를 넣었기 때문에 칼로리가 대단히 높다. 2조각 정도를 먹으면 배가 부를 정도이다. 밀가루 반죽 안에 치즈를 듬뿍 넣고 오븐이나 화덕에 구워 조지아 와인과도 잘 어울리는데, 조지아스타일의 치즈 피자로 통하는 하차푸리는 각종 치즈와 치즈를 넣어 만든 요리이다.

그 사이 레스토랑 앞 무대에선 라이브 밴드와 춤 공연이 끊이질 않았다. 음악이 빨라지고 춤이 역동적일수록 와인 잔을 부딪치는 소리도 경쾌해진다.

힝칼리(Khinkali)

우리의 왕만두를 닮은 힝칼리는 만두를 빚는 것과 마찬가지로 속에 야채와 고기를 넣어 빚어서 육수에 담아 익힌 후에 건져낸다. 조지아를 대표하는 음식이다.
힝칼리를 한곳을 물어내고 안의 액체를 입으로 마시고 난 후에 나머지를 먹으면 되는데 꼭다리는 남긴다.

시크메룰리(Shkmeruli)

튀긴 닭을 전통 토기에 넣고 토기 안에 다진 마늘, 물, 우유를 끓여 골고루 부어 오븐에서 조리한 마늘을 사용한 닭요리로 찜닭 같은 맛이 난다.

하쵸(Kharcho)

쌀, 쇠고기, 살구 열매로 만든 퓌레와 잘게 다진 견과류를 넣어 만든 조지아의 전통 스프이다.

추르츠헬라(Churchkhela)

조지아인 들이 만드는 콩 요리를 굉장히 좋아하고 호두 소스가 들어간 음식을 좋아한다. 포도를 실에 꿰어 포도즙에 담그기를 반복해 말린 간식거리로 쫄깃한 맛이 나는데 포도즙으로 만든 긴 순대처럼 보인다. 안에는 호도나 견과류가 들어가 있다.

엘라지(Elarji)

조지 왕조 사메그레로Samegrelo 지역의 특산품으로, 거친 옥수수 가루와 술고니 치즈로 구성된 걸쭉한 죽이다. 전통적으로 마늘, 호두, 다양한 향신료로 만든 조지아 바체 bazhe 소스와 함께 뜨겁게 먹는다. 특히 겨울에 체온을 유지시키는 칼로리가 높은 죽이다.

쿰바리(Kubdari)

고수풀, 푸른 호로 파, 고추, 양파, 마늘, 소금과 같은 향신료와 함께 쇠고기와 돼지고기를 같이 포함시켜 만든 전통 빵이나. 반죽은 밀가루, 물, 효모, 설탕, 소금, 계란으로 구성된다. 쿰바리kubdari를 버터로 살짝 바르고 뜨겁게 데워서 먹는다.

식사 순서

식전 음식
바게뜨 빵 | 화덕에 구워낸 전통 빵 '피타' 등을 수프와 곁들인다.
샐러드 | 오이, 토마토, 슬라이스에 양파 등을 곁들인 간단한 샐러드
치즈 | 코카서스 식탁에 한 자리를 차지하고 있는 치즈는 조지아의 장수 비결이다.
수프 | 고기와 야채를 듬뿍 썰어 넣은 조지아 지방의 수프는 강한 고수향과 시큼한 맛을 가지고 있다. 우리에게 친숙한 맛은 아니다.

주요요리
하차푸리 | 조지아 피자인 치즈 빵인 하차푸리는 치즈가 정말 듬뿍 들어가 있다.
힝칼리 | 다진 고기와 각종 야채를 넣은 조지아식 만두로 우리의 고기만두와 비슷하지만 육즙이 많아 느끼할 수 있다.
플로프 | 대표적인 가정 요리로 건자두, 건포도를 넣은 볶음밥으로 샤프란, 계피와 같은 향신료를 첨가한다.
돌마 | 다진 고기와 쌀을 향신료에 섞어 포도나무 잎과 양배추로 싼 음식으로 순대와 비슷하다.
므츠바디 | 러시아의 꼬치인 샤슬릭과 비슷한 고기요리로 꼬챙이로 굽고 빼내서 양파를 깐 접시에 내어 주는 것이 러시아와 다르다.

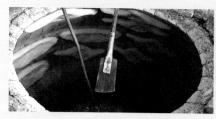

술자리 문화 타마다(Tamada)

술자리를 즐기는 조지아 인들은 건배를 주도하는 타마다^{Tamada}라는 것이 있다. 나이가 많은 연장자가 술자리에서 덕담을 나누고 신에게 , 인류에게, 모두에게 안녕을 기원하는 건배사를 주로 한다. 사람을 칭하지 않고 건배사 자체를 의미하기도 한다. 타마다가 되는 것은 조지아에서는 중요한 것으로 술에 취하지 않고 오랫동안 술을 마실 수 있는 연장자만이 가능하다.

깐지(Khantsi)

깐지^{Khantsi}는 와인을 위한 특별한 잔으로 염소 뿔을 깎아 만든 잔으로 밑면이 뾰족하여 다 마시지 않으면 흘러내리게 되므로 다 마셨는지 바로 확인이 가능하다. 다 마시면 우리나라도 마찬가지이지만 머리 위로 술잔을 부어 다 마셨다는 표시를 하게 된다.

크베브리(Qvevri)

크베브리^{Qvevri} 와인 제조법은 유네스코 인류 무형유산에 등재되었다고 한다. 수천 년에 걸친 조지아 와인의 제조법은 크베브리^{Qvevri}를 알아야 한다. 조지아의 전통토기 항아리인데 조지아는 포도를 포도 압착기에 짜서 포도즙과 포도껍질, 줄기, 씨를 차차^{Chacha}라고 부르는데 이것을 땅에 묻어놓

은 크베브리^{Qvevri} 안에 담아 밀봉한 후5~6개월 동안 발효시킨다. 우리의 옛 문화인 김장독을 묻어놓은 것과 비슷하다.
항아리는 큰 것과 작은 것이 있다. 큰 것은 사람이 들어가면 도저히 보이지 않을 정도이다. 조지아 속담 중에 "물에 빠져 죽는 사람보다 와인에 빠져 죽는 사람이 더 많다"이 있을 정도이니 이해가 쉬울 것이다.

About 와인

와인Wine은 포도알 속으로 들어가서 발효가 되면서 자연발생적으로 만들어진다. 그래서 신의 선물이라고 부르는 것이다. 와인은 인류의 문명으로 만들어진 것이 아닌 것이기 때문에 오래 되었다. 포도라는 식물이 생겨났을 때부터 와인이 만들어졌다고 할 수 있을 것이다. 포도는 대체로 1억 5천만~2억 년 전부터 있었다고 추정된다.

선사시대의 유적과 유물들 중에서 포도 압착기나 그릇에 액체를 담았던 흔적에 포도씨가 같이 발견되고 있다. 포도의 껍질에는 다량의 효모가 묻어있으므로 주스를 만든다는 것은 바로 효모가 발효를 시작해서 와인이 된다.

학자들은 메소포타미아 지역에서 신석기 시대인 BC 8,500~BC 4,000년경에 인간에 의해서 와인이 만들어진 것으로 추정하고 있다. 조지아의 와인 항아리인 크베브리Kvevri가 사용된 시기를 약 8,000년 전으로 추정하고 있어서 조지아가 가장 오래된 와인 원산지로 이야기하지만 실제로 다양한 나라들이 자신이 와인의 발상지라고 주장하고 있다.

크베브리(Qvevri)

크베브리(Qvevri) 와인 제조법은 유네스코 인류 무형유산에 등재되었다고 한다. 수천 년에 걸친 조지아 와인의 제조법은 크베브리(Qvevri)를 알아야 한다. 조지아의 전통토기 항아리인데 조지아는 포도를 포도압착기에 짜서 포도즙과 포도껍질, 줄기, 씨를 차차(Chacha)라고 부르는데 이것을 땅에 묻어놓은 크베브리(Qvevri) 안에 담아 밀봉한 후 5~6개월 동안 발

효시킨다. 우리의 옛 문화인 김장독을 묻어놓은 것과 비슷하다. 항아리는 큰 것과 작은 것이 있다. 큰 것은 사람이 들어가면 도저히 보이지 않을 정도이다. 조지아 속담 중에 "물에 빠져 죽는 사람보다 와인에 빠져 죽는 사람이 더 많다"이 있을 정도이니 이해가 쉬울 것이다.

조지아가 와인의 발상지가 된 이유

조지아는 성경에 노아의 방주가 내려앉았다는 터키의 아라라트 산에서 멀지 않은 곳으로 흑해 연안에 있다. 조지아 남부 지방의 고대 주거지에서 세계에서 가장 오래된 포도 재배와 신석기 시대의 와인 생산 유적들이 발견되고 있어서 유네스코는 조지아에서 크베브리(Qvevri)를 사용하여 와인을 만든 양조법을 세계 문화유산으로 지정하였다.

조지아 와인의 역사

조지아에서의 와인 생산의 시작은 남부 코카서스 사람들이 겨울 동안 덮어져 있던 작은 구덩이 속의 야생 포도의 주스가 와인으로 변하는 것을 발견한 때이다. BC 4,000 년경, 지금의 조지아 인들이 포도를 재배하고 땅속에 항아리(크베브리)를 묻고 와인을 보관하는 것을 경험으로 알게 되었다. 4세기에는 조지아에 온 성녀 니노Saint Nino가 포도나무로 된 십자가를 지녔다가, 이후에 기독교 국가로 공인되면서 와인은 중요한 역할을 하게 된다.

조지아는 매년 약 2억 평의 포도원에서 연간 약1억 3천만 병의 와인을 생산하고 있는 나라이다. 하지만 조지아에서 재배되고 있는 포도 품종은 우리에게는 잘 알려지지 않은 품종이라서 조지아 와인 병의 상표에는 원산 지역, 마을 등을 표기하고 있다. 조지아로 여행을 왔다면 와인에 관심을 가지고 조지아 와인을 한 번씩은 맛보고 가야할 것이다.

대표적인 조지아 와인

조지아에서는 약 40가지의 포도 품종이 와인 제조에 사용되고 있다. 와인은 전통적으로 와인 생산 장소의 이름을 따서 이름을 붙인다. 특이한 품종은 생산되는 포도의 이름을 따서 붙이는 경우도 있다. 조지아 와인은 달콤한, 세미 달콤한, 세미 드라이, 드라이, 강한, 스파클링으로 분류하고 있다. 일반적으로 달콤한 품종이 가장 인기가 있다.

와인 생산 지방은 동쪽의 카케티Kakheti와 카르틀리Kartli, 서쪽의 이메레티Imereti, 사메그레로Samegrelo, 구리아Guria, 아자리아Ajaria, 아브카지아Abkhazia의 지역으로 나눈다. 그중에서도 가장 이름이 알려진 중요한 지방은 카케티Kakheti로, 조지아 와인의 70 %를 생산하고 있다. 사페라비 포도 품종의 달콤한 레드와인이 카케티Kakheti 지방에서는 킨즈마라울리Kindzmarauli와 아카쉐니Akhasheni가 있다.

무쿠자니(Mukuzani)

1888년부터 제작되기 시작한 무쿠자니Mukuzani는 많은 사람들이 사페라비 Saperavi로 만든 조지아 레드 와인 중 최고라고 생각한다. 무쿠자니Mukuzani 는 적어도 3년 이상 오크통에서 숙성된다는 점이 같은 포도로 만든 다른 와인과는 구별되는 것이다. 무쿠자니Mukuzani는 짙은 붉은 색을 띠며 부드 러운 연기가 자욱한 오크와 베리향이 난다. 맛은 건조하지만 참나무와 과 일 맛이 나온다. 숙성을 오래하기 때문에 무쿠자니Mukuzani는 사페라비 포 도로 만든 다른 와인보다 더 복잡한 과정을 거친다. 스테이크와 가장 어울 리는 와인이라고 생각되는 와인이다.

사페라비(Saperavi)

조지아에서 생산되는 와인 중에 국제 소믈리에에서 가장 인기 있는 포도 품종으로 만든 와인이다. '사페라비Saperavi'는 색상에 따라 와인이 고급인지 아닌지를 판단한다고 한다. 1886 년부터 조지아에서 생산된 사페라비 Saperavi는 종종 다른 포도 품종과 결합시키기도 하지만 일반적으로 불투명 한 색조의 건조 붉은 품종으로 숙성된다. 킨즈마라울리Kindzmarauli가 달콤 하다면 사페라비Saperavi는 드라이한 맛이라 대조적이다.

킨즈마라울리(Kindzmarauli)

킨즈마라울리Kindzmarauli는 카헤티Kakheti 지방에서 가장 유명한 와인으로 알려져 있다. 강렬한 색의 익은 체리를 곁들어서 만든 고급 세미 스위트 레 드 와인이다. 부드러운 벨벳 맛이라고 조지아 와인 전문가가 이야기를 해 주었지만 어떤 맛인지는 계속 음미를 했지만 알 수가 없었던 와인이다. 달 콤한 맛이 있어 처음으로 와인을 접한 사람들이 좋아하는 것을 알게 된 와 인이다.

아카쉐니(Akhasheni)

카케티의 동부에 있는 아카쉐니Akhasheni 마을에서 사페라비Saperavi 포도 품 종으로 만든 자연적으로 세미 스위트 레드 와인이다. 짙은 석류 색으로 초 콜릿 맛과 조화로운 벨벳 맛이 있다. 비교적 최근인 1958년부터 제조되었 다.

트비시(Tvishi)

조지아 북서부에 있는 트비시Tvishi 마을의 15㎢에서 생산된 와인 명칭이 다. 리오니 강Rioni River 둑의 알파나Alpana 마을의 트소리코우리Tsolikouri 포도 로 만든 달콤한 세미 스위트 와이트 와인이다.

치안 & 질병 / 긴급연락처

치안

조지아는 지안이 잘 된 나라로 알려져 있다. 조지아는 외국인에게 호의적이고 연중 관광객이 많아 치안도 비교적 안전한 편에 속하지만 야간에는 주의하는 것이 필요하다. 조지아는 그동안 경제난이 심각한 나라였기 때문에 거리에는 구걸하는 사람을 자주 볼 수 있고 재래시장, 출퇴근 시간 버스, 지하철 등 사람들이 많이 붐비는 곳에는 소

매치기 등의 범죄가 발생할 수 있다. 특히 현금, 귀중품 등을 눈에 뜨게 휴대하고 다니지 않도록 주의해야 한다.

> **유의해야할 지역**
>
> 압하지아, 남오세티아는 2008년 러시아와 조지아간 전쟁이 발발했던 분쟁지역으로 이 지역의 여행은 위험하며, 러시아에서 이곳을 경유해 조지아로 입국하는 것은 법으로 금지되어 있다.

관광지인 다비드 가레자 지역은 조지아와 아제르바이잔 접경지역에 위치하고 있으나 국경 표시가 되어 있지 않아 렌터카 여행에서 조심해야 한다.

자연재해

지진, 태풍 등의 자연재해가 빈발한 나라는 아니지만 배수시설이 좋지 못해 폭우로 인한 홍수와 산사태의 위험성은 있다. 특히 메스티아나 카즈베기로 가는 도로에는 주의를 기울여야 한다.
2015년 6월에 트빌리시에 내린 폭우로 인해 강이 범람하고 동물원 울타리가 무너져 맹수가 탈출하는 피해가 발생한 적이 있다.

질병

조지아는 특이한 전염병이나 풍토병이 없는 나라이다. 그러므로 예방주사

를 미리 접종할 필요가 없다. 다만 의료
수준이 전반적으로 낮은 편이다. 특히 트
빌리시 이외의 지역은 약국 혹은 의료시
설이 매우 열악하므로 여행을 할 때는
비상약품을 휴대하는 것이 좋다. 일반적
인 감기약, 진통제, 소화제 등을 소지하
는 것이 좋다.

조지아의 일반적인 가정에서는 집에서
수돗물을 그대로 마시지만 시내에 설치
된 식수대는 이용하지 않는 것이 좋다. 시중에서 판매하는 미네랄 워터Mineral water를 식수
로 사용하는 것이 바람직하다.

긴급연락처

경찰 | 126 **화재** | 111 **응급의료** | 112
전화번호 안내 | 118-09 **공항** | 231-0341/0421

의료기관

▶Mediclub Georgia
• 주소 : 22a Tashkenti St., Tbilisi, Georgia
• 전화 : (995-32)2-251-991, (995-599)581-991
• E-mail : mcg@mediclubgeorgia.ge
• 홈페이지 : http://www.mediclubgeorgia.ge

▶CITO Medical Center
• 주소 : 40 Paliashvili Str., Tbilisi, Georgia
• 전화 : (995-32)2-251-948/951
• 팩스 : (995-32)2-290-672
• 홈페이지 : http://www.cito.ge
• GP Dr. George Lolashvili : (995-599)551-911,
  gogilo@caucasus.net

▶IMSS Clinic
• 주소 : 31 Makashvili street., Tbilisi 0108 Georgia
• 전화 : (995-32)2-920-928,
  (995-32)2-928-911
• 팩스 : (995-32)2-938-911
• E-mail : info@imss.ge
• 홈페이지 : http://www.imss.ge

▶IMSS Clinic 바투미Batumi 지점
• 주소 : Batumi Port territory, Batumi; Georgia
• 전화 : (995-599)100-311
• E-mail : IMSS-Batumi@imss.ge

메스티아 경찰서

대사관

• 근무시간 : 월~금 09:00~18:00
  (점심시간 12:00~13:30)
• 주소 : 12, Titsian Tabidze Str, Tbilisi 0179, Georgia
• 대표번호 : (995) 599-24-99-39
• 팩스 : (995) 32 242 74 40
• E-mail : georgia@mofa.go.kr
• 근무시간 외 비상 연락처 : (995) 595-558-653

주한조지아대사관

• 주소 : 서울특별시 용산구 이태원로27길 30
• 전화 : (02) 792-7118
• 팩스 : (02) 792-3118
• E-mail : seoul.emb@mfa.gov.ge

조지아 한인회(회장)

• 전화 : (995-32)2-933-855
• 홈페이지 : http://homepy.korean.net/~georgia

위험에 빠졌을 때 당신을 도와 줄 조지아 정보

주의사항(겨울)

겨울에는 북부의 카즈베기, 구다우리, 바쿠리아니로 연결되는 도로의 결빙으로 인해 많은 사고가 발생한다. 대부분의 사고는 눈이 오고 나서 결빙이 되어 미끄러지는 교통사고가 많다. 겨울에는 자동차의 통행이 드물기 때문에 접촉사고나 충돌 사고는 별로 없다.

조지아 기상청 홈페이지(http://meteo.gov.ge/index.php?l=2&ct=1&cm=)를 통해 날씨를 확인하고 출발 전에 차량을 사전에 점검하고 출발하도록 하자.

교통사고

최근에 조지아를 여행하는 대한민국 여행자가 늘어남에 따라 교통사고가 발생하고 있다. 조지아는 안전벨트를 착용하지 않고 운전을 하는 경우가 상당히 많다. 또한 음주운전도 있어서 방어운전이 필요하다.

택시를 탑승하면 목적지까지 과속을 하거나 안전벨트 미착용으로 인한 사고가 빈번히 발생하고 있다. 특히 렌터카로 여행을 하는 경우에는 사전에 여행자보험을 통해 사고가 발생하면 보장을 받을 수 있도록 대비하는 것도 중요하다.

치안

조지아는 외국인에게 친절하고, 치안도 비교적 안전한 편에 속하지만 야간의 인적이 드문 곳의 통행은 삼가자. 최근에 한 달 살기를 위해 트빌리시 시내에서 벗어난 주거지역에 집을 구해 오랜 시간 머무는 경우에 미리 안전한지 확인하는 것이 좋다.

소매치기

조지아의 경제는 낙후된 개발 도상국이므로 경제난이 심각하다. 거리에 구걸하는 사람도 있으므로 사전에 위험하다면 저녁에는 통행을 하지 않는 것이 좋다. 재래시장, 출퇴근 시간 버스, 지하철 등 사람들이 많이 붐비는 곳에는 소매치기 범죄가 증가하고 있다. 특히 외국인 관광객은 현금이나, 귀중품 등은 휴대하고 다니지 않도록 주의한다.

자연재해

지진, 태풍 등의 자연재해가 빈번하지 않다. 카즈베기나 메스티아 등의 북부 지역은 폭우로 인한 홍수와 산사태의 위험성이 있으므로 비가 많이 오는 날에는 통행을 삼가야 한다. 2015년 6월, 트빌리시에 내린 폭우로 강이 범람하고 동물원 울타리가 무너져 맹수가 탈출하는 등의 피해가 발생하기도 했다.

유의 지역

압하지아나 남오세티아는 2008년, 러시아와 조지아 간의 전쟁이 발발한 분쟁지역으로 여행은 제한되어 있다. 러시아와의 접경지역인 다게스탄, 체첸, 잉구세티아, 북오세티아 등으로의 여행은 자제해야 하며, 특히 러시아와의 접경지역인 북동부의 고신지대 판키시 계곡 Pankisi Gorge은 이슬람 수니파 소수민족인 키시족Kisi 거주 지역으로 IS에 가담한다는 정보가 있는 지역이므로 매우 위험하다.

다비드 가레자 지역은 관광지이지만 조지아와 아제르바이잔 접경지역으로 국경 표시가 되어 있지 않아 주의해야 한다.

대사관
주소 | 12, Titsian Tabidze Str, Tbilisi 0179, Georgia
전화 | (995) 599-24-99-39
팩스 | (995) 32-242-74-40
이메일 | georgia@mofa.go.kr
근무시간 | 월~금 09:00~18:00 (점심시간 12:00~13:30)
긴급연락처 | (995) 595-558-653

주한조지아대사관
주소 | 서울특별시 용산구 이태원로27길 30
전화 | (02) 792-7118
팩스 | (02) 792-3118(팩스)
홈페이지 | seoul.emb@mfa.gov.ge

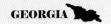

한인회 / 조지아 한인회(회장)
전화 | (995–32)2–933–855
홈페이지 | http://homepy.korean.net/~georgia/www/

긴급 상황
경찰 | 126
화재 | 111
응급의료 | 112
전화번호 안내 | 118–09
공항 | 231–0341/0421

의료기관
메디클럽 조지아(Mediclub Georgia)
주소 | 22a Tashkenti St., Tbilisi, Georgia
전화 | (995–32)2–251–991, (995–599)581–991
이메일 | mcg@mediclubgeorgia.ge
홈페이지 | http://www.mediclubgeorgia.ge

CITO 메디컬 센터(CITO Medical Center)
주소 | 40 Paliashvili Str., Tbilisi, Georgia
전화 | (995–32)2–251–948/951, FAX | (995–32)2–290–672(팩스)
홈페이지 | http://www.cito.ge

GP 닥터 조지아 로라스빌리(GP Dr. George Lolashvili)
전화 | (995–599)551–911   이메일 | gogilo@caucasus.net

IMSS 클리닉(IMSS Clinic)
주소 | 31 Makashvili street., Tbilisi 0108 Georgia
전화 | (995–32)2–920–928, (995–32)2–928–911 FAX | (995–32)2–938–911
이메일 | info@imss.ge   홈페이지 | http://www.imss.ge

포티 블랜치(Poti branch)
주소 | 12 Gegidze street; Poti; Georgia   전화 | (995–599)266–669
이메일 | IMSS–Poti@imss.ge

바투미 브랜치(Batumi branch)
주소 | Batumi Port territory, Batumi; Georgia
전화 | (995–599)100–311   이메일 | IMSS–Batumi@imss.ge

조지아 한 달 살기

솔직한 한 달 살기

요즘. 마음에 꼭 드는 여행지를 발견하면 자꾸 '한 달만 살아보고 싶다'는 이야기를 많이 듣는다. 그만큼 한 달 살기로 오랜 시간 동안 해외에서 여유롭게 머물고 싶어 하기 때문이다. 직장생활이든 학교생활이든 일상에서 한 발짝 떨어져 새로운 곳에서 여유로운 일상을 꿈꾸기 때문일 것이다.

최근에는 한 달, 혹은 그 이상의 기간 동안 여행지에 머물며 현지인처럼 일상을 즐기는 '한 달 살기'가 여행의 새로운 트렌드로 자리잡아가고 있다. 천천히 흘러가는 시간 속에서 진정한 여유를 만끽하려고 한다. 그러면서 한 달 동안 생활해야 하므로 저렴한 물가와 주위

에 다양한 즐길 거리가 있는 동유럽의 많은 도시들이 한 달 살기의 주요 지역으로 주목 받고 있다. 한 달 살기의 가장 큰 장점은 짧은 여행에서는 느낄 수 없었던 색다른 매력을 발견할 수 있다는 것이다.

사실 한 달 살기로 책을 쓰겠다는 생각을 몇 년 전부터 했지만 마음이 따라가지 못했다. 우리의 일반적인 여행이 짧은 기간 동안 자신이 가진 금전 안에서 최대한 관광지를 보면서 많은 경험을 하는 것을 하는 것이 자유여행의 패턴이었다. 하지만 한 달 살기는 확실한 '소확행'을 실천하는 행복을 추구하는 것처럼 보였다. 많은 것을 보지 않아도 느리게 현지의 생활을 알아가는 스스로 만족을 원하는 여행이므로 좋아 보였다. 내가 원하는 장소에서 하루하루를 즐기면서 살아가는 문화와 경험을 즐기는 것은 좋은 여행방식이다.

많은 도시에서 한 달 살기를 해본 결과 한 달 살기라는 장기 여행의 주제만 있어서 일반적으로 하는 여행은 그대로 두고 시간만 장기로 늘린 여행이 아닌 것인지 의문이 들었다. 현지인들이 가는 식당을 가는 것이 아니고 블로그에 나온 맛집을 찾아가서 사진을 찍고 SNS에 올리는 것은 의문을 가지게 만들었다. 현지인처럼 살아가는 것이 아니라 풍족하게 살고 싶은 것이 한 달 살기인가라는 생각이 강하게 들었다.

현지인과의 교감은 없고 맛집 탐방과 SNS에 자랑하듯이 올리는
여행의 새로운 패턴인가, 그냥 새로운 장기 여행을 하는 여행자일 뿐이 아닌가?

현지인들의 생활을 직접 그들과 살아가겠다고 마음을 먹고 살아도 현지인이 되기는 힘들다. 여행과 현지에서의 삶은 다르기 때문이다. 단순히 한 달 살기를 하겠다고 해서 그들을 알 수도 없는 것은 동일할 수도 있다. 한 달 살기가 끝이 나면 언제든 돌아갈 수 있다는 것은 생활이 아닌 여행자만의 대단한 기회이다. 그래서 한동안 한 달 살기가 마치 현지인의 문화를 배운다는 것은 거짓말로 느껴졌다.
시간이 지나면서 다시 생각을 해보았다. 어떻게 여행을 하든지 각자의 여행이 스스로에게 행복한 생각을 가지게 한다면 그 여행은 성공한 것이다. 그것을 배낭을 들고 현지인들과 교감을 나누면서 배워가고 느낀다고 한 달 살기가 패키지여행이나 관광지를 돌아다니는 여행보다 우월하지도 않다. 한 달 살기를 즐기는 주체인 자신이 행복감을 느끼는 것이 핵심이라고 결론에 도달했다.

요즈음은 휴식, 모험, 현지인 사귀기, 현지 문화체험 등으로 하나의 여행 주제를 정하고 여행지를 선정하여 해외에서 한 달 살기를 해보면 좋다. 맛집에서 사진 찍는 것을 즐기는 것으로도 한 달 살기는 좋은 선택이 된다. 일상적인 삶에서 벗어나 낯선 여행지에서 오랫동안 소소하게 행복을 느낄 수 있는 한 달 동안 여행을 즐기면서 자신을 돌아보는 것이 한 달 살기의 핵심인 것 같다.

떠나기 전에 자신에게 물어보자!

한 달 살기 여행을 떠나야겠다는 미음이 의외로 간절한 사람들이 많다. 그 마음만 있다면 앞으로의 여행 준비는 그리 어렵지 않다. 천천히 따라가면서 생각해 보고 실행에 옮겨보자.

내가 장기간 떠나려는 목적은 무엇인가?

여행을 떠나면서 배낭여행을 갈 것인지, 패키지여행을 떠날 것인지 결정하는 것은 중요하다. 하물며 장기간 한 달을 해외에서 생활하기 위해서는 목적이 무엇인지 생각해 보는 것이 중요하다. 일을 함에 있어서도 목적을 정하는 것이 계획을 세우는데 가장 기초가 될 것이다.

한 달 살기도 어떤 목적으로 여행을 가는지 분명히 결정해야 질문에 대한 답을 찾을 수 있다. 아무리 아무 것도 하지 않고 지내고 싶다고 할지라도 1주일 이상 아무것도 하지 않고 집에서만 머물 수도 없는 일이다. 조지아는 자연이 다채로워 다양한 볼거리, 엑티비티, 요리, 나의 로망인 여행지에서 살아보기 등 다양하다.

목표를 과다하게 설정하지 않기

자신이 해외에서 산다고 한 달 동안 어학을 목표로 하기에는 다소 무리가 있다. 무언가 성과를 얻기에는 짧은 시간이기 때문이다. 1주일은 해외에서 사는 것에 익숙해지고 2~3주에 현지에 적응을 하고 4주차에는 돌아올 준비를 하기 때문에 4주 동안이 아니고 2주 정도이다. 하지만 해외에서 좋은 경험을 해볼 수 있고, 친구를 만들 수 있다. 이렇듯 한 달 살기도 다양한 목적이 있으므로 목적을 생각하면 한 달 살기 준비의 반은 결정되었다고 생각할 수도 있다.

여행지와 여행 시기 정하기

한 달 살기의 목적이 결정되면 가고 싶은 한 달 살기 여행지와 여행 시기를 정해야 한다. 목적에 부합하는 여행지를 선정하고 나서 여행지의 날씨와 자신의 시간을 고려해 여행 시기를 결정한다. 여행지도 성수기와 비수기가 있기에 한 달 살기에서는 여행지와 여행시기의 틀이 결정되어야 세부적인 예산을 정할 수 있다.

한 달 살기를 선정할 때 유럽 국가 중에서 대부분은 안전하고 볼거리가 많은 도시를 선택한다. 예산을 고려하면 항공권 비용과 숙소, 생활비가 크게 부담이 되지 않는 한 달 여행지에 딱 일치하는 곳이 조지아이다.

한 달 살기의 예산정하기

누구나 여행을 하면 예산이 가장 중요하지만 한 달 살기는 오랜 기간을 여행하는 거라 특히 예산의 사용이 중요하다. 돈이 있어야 장기간 문제가 없이 먹고 자고 한 달 살기를 할 수 있기 때문이다.

한 달 살기는 한 달 동안 한 장소에서 체류하므로 자신이 가진 적정한 예산을 확인하고, 그 예산 안에서 숙소와 한 달 동안의 의식주를 해결해야 한다. 여행의 목적이 정해지면 여행을 할 예산을 결정하는 것은 의외로 어렵지 않다. 또한 여행에서는 항상 변수가 존재하므로 반드시 비상금도 따로 준비를 해 두어야 만약의 상황에 대비를 할 수 있다. 대부분의 사람들이 한 달 살기 이후의 삶도 있기에 자신이 가지고 있는 예산을 초과해서 무리한 계획을 세우지 않는 것이 중요하다.

세부적으로 확인할 사항

1. 나의 여행스타일에 맞는 숙소형태를 결정하자.

지금 여행을 하면서 느끼는 숙소의 종류는 참으로 다양하다. 호텔, 민박, 호스텔, 게스트하우스가 대세를 이루던 2000년대 중반까지의 여행에서 최근에는 에어비앤비Airbnb나 부킹닷컴, 호텔스닷컴 등까지 더해지면서 한 달 살기를 하는 장기여행자를 위한 숙소의 폭이 넓어졌다.

숙박을 할 수 있는 도시로의 장기 여행자라면 에어비앤비Airbnb보다 더 저렴한 가격에 방이나 원룸(스튜디오)을 빌려서 거실과 주방을 나누어서 사용하기도 한다. 방학 시즌에 맞추게 되면 방학동안 해당 도시로 역으로 여행하는 현지 거주자들의 집을 1~2달 동안 빌려서 사용할 수도 있다. 그러므로 자신의 한 달 살기를 위한 스타일과 목적을 고려해 먼저 숙소 형태를 결정하는 것이 좋다.

무조건 좋은 시설에서 한 달 이상을 렌트하는 것만이 좋은 방법은 아니다. 혼자서 지내는 '나 홀로 여행'에 저렴한 배낭여행으로 한 달을 살겠다면 호스텔이나 게스트하우스에서 한 달 동안 지내는 것이 나을 수도 있다. 최근에는 조지아의 수도인 트빌리시에서 한 달 살기가 늘어나면서 한 층을 빌리거나 집을 빌려서 지내는 경우가 많다. 그러기 위해서는 시내 중심에서는 벗어난 곳에서 지내야 렌트 비용을 줄일 수 있다. 아이가 있는 가족이 여행하는 것이라면 안전을 최우선으로 시내 중심에 있는 숙소를 활용하는 것이 낫다.

2. 한 달 살기 도시를 선정하자.

어떤 숙소에서 지낼 지 결정했다면 한 달 살기 하고자 하는 근처와 도시의 관광지를 살펴보는 것이 좋다. 자신의 취향을 고려하여 도시의 중심에서 머물지, 한가로운 외곽에서 머물면서 대중교통을 이용해 이동할지 결정한다. 조지아는 국토의 크기가 넓지 않아서 수도인 트빌리시에 머물면서 주변 도시로 주말에 여행을 떠나고 1주일 정도를 북부의 카즈베기나 서북부의 메스티아로 트레킹이나 스키를 다녀오는 경우가 많다.

3. 숙소를 예약하자.

숙소 형태와 도시를 결정하면 숙소를 예약해야 한다. 발품을 팔아 자신이 살 아파트나 원룸 같은 곳을 결정하는 것처럼 힌 딜 실기를 할 장소를 직접 가볼 수는 없다. 대신에 손품을 팔아 인터넷 카페나 SNS를 통해 숙소를 확인하고 숙박 어플을 통해 숙소를 예약하거나 인터넷 카페 등을 통해 예약한다. 최근에는 호텔 숙박 어플에서 장기 숙소를 확인하기도 쉬워졌고 다양하다. 어플마다 쿠폰이나 장기간 이용을 하면 할인혜택이 있으므로 검색해 비교해보면 유용하다.

장기 숙박에 유용한 앱

각 호텔 앱
호텔 공식 사이트나 호텔의 앱에서 패키지 상품을 선택 할 경우 예약 사이트를 이용하면 저렴하게 이용할 수 있다.

인터넷 카페
각 도시마다 인터넷 카페를 검색하여 카페에서 숙소를 확인할 수 있는 숙소의 정보를 확인할 수 있다.

에어비앤비(Airbnb)
개인들이 숙소를 제공하기 때문에 안전한지에 대해 항상 문제는 있지만 장기여행 숙소를 알리는 데 일조했다. 가장 손쉽게 접근할 수 있는 사이트로 빨리 예약할수록 저렴한 가격에 슈퍼호스트의 방을 예약할 수 있다.

호텔스컴바인, 호텔스닷컴, 부킹닷컴 등
다양하지만 비슷한 숙소를 검색할 수 있는 기능과 할인율을 제공하고 있다.

호텔스닷컴
숙소의 할인율이 높다고 알려져 있지만 장기간 숙박은 다를 수 있으므로 비교해 보는 것이 좋다.

4. 숙소 근처를 알아본다.

지도를 보면서 자신이 한 달 동안 있어야 할 지역의 위치를 파악해 본다. 관광지의 위치, 자신이 생활을 할 곳의 맛집이나 커피숍 등을 최소 몇 곳만이라도 알고 있는 것이 필요하다.

한 달 살기는 삶의 미니멀리즘이다.

요즈음 한 달 살기가 늘어나면서 뜨는 여행의 방식이 아니라 하나의 여행 트렌드로 자리를 잡고 있다. 한 달 살기는 다시 말해 장기여행을 한 도시에서 머물면서 새로운 곳에서 삶을 살아보는 것이다. 삶에 지치거나 지루해지고 권태로울 때 새로운 곳에서 쉽게 다시 삶을 살아보는 것이다. 즉 지금까지의 인생을 돌아보면서 작게 자신을 돌아보고 한 달 후 일상으로 돌아와 인생을 잘 살아보려는 행동의 방식일 수 있다.

삶을 작게 만들어 새로 살아보고 일상에서 필요한 것도 한 달만 살기 위해 짐을 줄여야 하며, 새로운 곳에서 새로운 사람들과의 만남을 통해서 작게나마 자신을 돌아보는 미니멀리즘인 곳이다. 집 안의 불필요한 짐을 줄이고 단조롭게 만드는 미니멀리즘이 여행으로 들어와 새로운 여행이 아닌 작은 삶을 떼어내 새로운 장소로 옮겨와 살아보면서 현재 익숙해진 삶을 돌아보게 된다.

다른 사람들과 만나고 새로운 일상이 펼쳐지면서 새로운 일들이 생겨나고 새로운 일들은 예전과 다르게 어떻다는 생각을 하게 되면 왜 그때는 그렇게 행동을 했을 지 생각을 해보게 된다. 한 달 살기에서는 일을 하지 않으니 자신을 새로운 삶에서 생각해보는 시간이 늘어나게 된다. 그래서 부담없이 지내야 하기 때문에 물가가 저렴해 생활에 지장이 없어야 하고 위험을 느끼지 않으면서 지내야 편안해지기 때문에 안전한 도시를 선호하게 된다.

새로운 음식도 매일 먹어야 하므로 내가 매일 먹는 음식과 크게 동떨어지기보다 비슷한 곳이 편안하다. 또한 대한민국의 음식들을 마음만 먹는다면 쉽고 간편하게 먹을 수 있는 곳이 더 선호될 수 있다.

삶을 단조롭게 살아가기 위해서 바쁘게 돌아가는 대도시보다 소도시를 선호하게 되고 현대적인 도시보다는 옛 정취가 남아있는 그윽한 분위기의 도시를 선호하게 된다. 그러면서도 쉽게 맛있는 음식을 다양하게 먹을 수 있는 식도락이 있는 도시를 선호하게 된다.
그렇게 한 달 살기에서 가장 핫하게 선택된 도시는 유럽에서 체코의 프라하나 브루노가 많다. 위에서 언급한 저렴한 물가, 안전한 치안, 한국인에 대한 호감도, 한국인에게 맞는 음식 등이 가장 중요한 선택사항이다.

조지아 한 달 살기 비용

조지아는 서유럽이나 동유럽에 비하면 매우 물가가 저렴한 곳이다. 항공비용을 제외하면 동남아시아처럼 한 달 살기 경비가 저렴하다. 물론 최근에 올라가는 물가 때문에 저렴하기는 하지만 '너무 싸다'는 생각은 금물이다. 저렴하다는 생각만으로 한 달 살기를 왔다면 실망할 가능성이 높다. 여행을 계획하고 실행에 옮기면 가장 많이 돈이 들어가는 부분은 항공권과 숙소비용이다. 또한 여행기간 동안 사용할 식비와 버스 같은 교통수단의 비용이 가장 일반적이다. 조지아에서 한 달 살기를 많이 하는 도시는 수도인 트빌리시이다. 그래서 트빌리시를 기반으로 한 달 살기의 비용을 파악했다.

항목	내용	경비
항공권	조지아의 수도 트빌리시로 이동하는 항공권이 필요하다. 항공사, 조건, 시기에 따라 다양한 가격이 나온다.	약 81~118만 원
숙소	한 달 살기는 대부분 아파트 같은 혼자서 지낼 수 있는 숙소가 필요하다. 홈스테이부터 숙소들을 부킹닷컴이나 에어비앤비 등의 사이트에서 찾을 수 있다. 각 나라만의 장기여행자를 위한 전문 예약 사이트(어플)에서 예약하는 것도 추천한다.	한 달 약 350,000~ 800,000원
식비	아파트 같은 숙소를 이용하려는 이유는 식사를 숙소에서 만들어 먹으려는 하기 때문이다. 체코 프라하에서 마트에서 장을 보면 물가는 저렴하다는 것을 알 수 있다. 외식물가는 나라마다 다르지만 대한민국과 비교해 조금 저렴한 편이다.	한 달 약 300,000~600,000원
교통비	트빌리시의 교통비는 매우 저렴하다. 다만 다른 도시로 이동하여 관광지를 돌아보려면 투어나 렌터카를 이용해야 하므로 저렴한 편은 아니다. 주말에 근교를 여행하려면 추가 경비가 필요하다.	교통비 200,000~400,000원
TOTAL		181~281만원

또 하나의 공간, 새로운 삶을 향한 한 달 살기

"여행은 숨을 멎게 하는 모험이자 삶에 대한 심오한 성찰이다"

한 달 살기는 여행지에서 마음을 담아낸 체험을 여행자에게 선사한다. 한 달 살기는 출발하기는 힘들어도 일단 출발하면 간단하고 명쾌해진다. 도시에 이동하여 바쁘게 여행을 하는 것이 아니고 살아보는 것이다. 재택근무가 활성화되면 더 이상 출근하지 않고 전 세계 어디에서나 일을 할 수 있는 세상이 열린다. 새로운 도시로 가면 생생하고 새로운 충전을 받아 힐링Healing이 된다. 조지아에서 한 달 살기에 빠진 것은 수도인 트빌리시와 북서부의 메스티아를 찾았을 때, 느긋하게 즐기면서도 저렴한 물가에 마음마저 편안해지는 것에 매료되게 되었다.

무한경쟁에 내몰린 우리는 마음을 자연스럽게 닫았을지 모른다. 그래서 천천히 사색하는 한 달 살기에서 더 열린 마음이 될지도 모른다. 삶에서 가장 중요한 것은 행복한 것이다. 뜻하지 않게 사람들에게 받는 사랑과 도움이 자연스럽게 마음을 열게 만든다. 하루하루가 모여 나의 마음도 단단해지는 곳이라고 생각한다.

인공지능시대에 길가에 인간의 소망을 담아 돌을 올리는 것은 인간미를 느끼게 한다. 한 달 살기를 하면서 도시의 구석구석 걷기만 하니 가장 고생하는 것은 몸의 가장 밑에 있는 발이다. 걷고 자고 먹고 이처럼 규칙적인 생활을 했던 곳이 언제였던가? 규칙적인 생활에 도 용기가 필요했나보다.

한 달 살기 위에서는 매일 용기가 필요하다. 용기가 하루하루 쌓여 내가 강해지는 곳이 느껴진다. 고독이 쌓여 나를 위한 생각이 많아지고 자신을 비춰볼 수 있다. 현대의 인간의 삶은 사막 같은 삶이 아닐까? 이때 나는 전 세계의 아름다운 도시를 생각했다. 인간에게 힘든 삶을 제공하는 현대 사회에서 천천히 도시를 음미할 수 있는 한 달 살기가 사람들을 매료시키고 있다.

경험의 시대

소유보다 경험이 중요해졌다. '라이프 스트리머Life Streamer'라고 하여 인생도 그렇게 산다. 스트리밍 할 수 있는 나의 경험이 중요하다. 삶의 가치를 소유에 두는 것이 아니라 경험에 두기 때문이다.

예전의 여행은 한번 나가서 누구에게 자랑하는 도구 중의 하나였다. 그런데 세상은 바뀌어 원하기만 하면 누구나 해외여행을 떠날 수 있는 세상이 되었다. 여행도 풍요 속에서 어디를 갈지 고를 것인가가 굉장히 중요한 세상이 되었다. 나의 선택이 중요해지고 내가 어떤 가치관을 가지고 여행을 떠나느냐가 중요해졌다.

개개인의 욕구를 충족시켜주기 위해서는 개개인을 위한 맞춤형 기술이 주가 되고, 사람들은 개개인에게 최적화된 형태로 첨단기술과 개인이 하고 싶은 경험이 연결될 것이다. 경험에서 가장 하고 싶어 하는 것은 여행이다. 그러므로 여행을 도와주는 각종 여행의 기술과 정보가 늘어나고 생활화 될 것이다.

세상을 둘러싼 이야기, 공간, 느낌, 경험, 당신이 여행하는 곳에 관한 경험을 제공한다. 당신이 여행지를 돌아다닐 때 자신이 아는 것들에 대한 것만 보이는 경향이 있다. 그런데 가

끔씩 새로운 것들이 보이기 시작한다. 이때부터 내 안의 호기심이 발동되면서 나 안의 호기심을 발산시키면서 여행이 재미있고 다시 일상으로 돌아올 나를 달라지게 만든다. 나를 찾아가는 공간이 바뀌면 내가 달라진다. 내가 새로운 공간에 적응해야 하기 때문이다. 여행은 새로운 공간으로 나를 이동하여 새로운 경험을 느끼게 해준다. 그러면서 우연한 만남을 기대하게 하는 만들어주는 것이 여행이다.

당신이 만약 여행지를 가면 현지인들을 볼 수 있고 단지 보는 것만으로도 그들의 취향이 당신의 취향과 같을지 다를지를 생각할 수 있다. 세계는 서로 조화되고 당신이 그걸 봤을 때 "나는 이곳을 여행하고 싶어 아니면 다른 여행지를 가고 싶어"라고 생각할 수 있다. 여행지에 가면 세상을 알고 싶고 이야기를 알고 싶은 유혹에 빠지는 마음이 더 강해진다. 우리는 적절한 때에 적절한 여행지를 가서 볼 필요가 있다. 만약 적절한 시기에 적절한 여행지를 만난다면 사람의 인생이 달라질 수도 있다.

여행지에서는 누구든 세상에 깊이 빠져들게 될 것이다. 전 세계 모든 여행지는 사람과 문화를 공유하는 기능이 있다. 누구나 여행지를 갈 수 있다. 막을 수가 없다. 누구나 와서 어떤 여행지든 느끼고 갈 수 있다는 것, 여행하고 나서 자신의 생각을 바꿀 수 있다는 것이 중요하다. 그래서 여행은 건강하게 살아가도록 유지하는 데 필수적이다. 여행지는 여행자에게 나눠주는 로컬만의 문화가 핵심이다.

한 달 살기의 기회비용

대학생 때는 해외여행을 한다는 자체만으로 행복했다. 아무리 경유를 많이 해도 비행기에서 먹는 기내식은 맛있었고, 아무리 고생을 많이 해도 해외여행은 나에게 최고의 즐거움이었다. 어떻게든 해외여행을 다니기 위해 아르바이트를 하고, 여행상품이 걸린 이벤트나 기업체의 공모전에 응모했다. 여러 가지 방법으로 여행경비를, 혹은 여행의 기회를 마련하면서, 내 대학생활은 내내 '여행'에 맞춰져있었고, 나는 그로인해 대학생활이 무척 즐거웠다. 반면, 오로지 여행만을 생각한 내 대학생활에서 학점은 소소한 것이었다. 아니, 상대적인 관심도가 떨어졌다는 말이 맞겠다. 결론적으로 나는 학점을 해외여행과 맞바꾼 것이었다.

코로나 바이러스가 전 세계를 덮치면서 사람들은 여행을 가지 못하고 집에서 오랜 시간을 머물러야 했다. 못가는 여행지로 가고 싶어서 랜선 여행으로 대신하는 경우도 발생하고 있다. 쉽게 해외여행을 갈 수 있는 시대에서 갑자기 바이러스로 인해 개인 간의 접촉 자체를 막아야 하는 시기가 발생하면서 여행 수요는 90%이상 줄어들었다. 그렇지만 일을 해야 하고 회의도 해야 하니 디지털 기술을 활용한 원격 화상회의, 원격 수업, 재택근무를 하면서

평상시에 일을 하는 경우에 효율성을 떨어뜨릴 것이라는 이야기를 했지만 코로나 바이러스로 인해 실제로 해보니 효율성이 떨어지지 않더라는 결과가 나왔다. 코로나 19가 백신 개발로 종료되더라도 일을 하는 방식이나 생활의 패턴이 디지털 기술을 활용하여 일을 할 수 있게 될 것이다.

그렇다면, 미래에 코로나 바이러스로 인해 바뀌어야 하는 여행은 무엇일까? 패키지 상품 여행은 단시간에 많은 관광지를 보고 가이드가 압축하여 필요한 내용을 설명하고 먹고 다니다가 여행이 끝이 난다. 하지만 디지털 기술로 재택근무가 가능하여 장소의 제약이 줄어든다면 어디서 여행을 하든지 상관없어진다. 그러므로 한 달 살기가 코로나 바이러스의 팩데믹 현상 이후에 발전되는 여행의 형태가 될 수 있다.

어떤 선택을 했을 때 포기한 것들 중에서 가장 좋은 한 가지의 가치를 기회비용이라고 한다. 내가 포기했던 학점이 해외여행의 기회비용인 것이다. 아르바이트를 해서 해외로 여행을 다녀온다면, 여행을 다녀오기 위해 포기하는 것들이 생긴다. 예를 들어 아르바이트를 하는 시간, 학점 등이 여행의 기회비용이 된다.

만약 20대 직장인이 200만 원짜리 유럽여행상품으로 여행을 간다고 하자. 이 직장인은 200만원을 모아서 은행에 적금을 부었다면 은행에서 받는 이자수입이 있었을 것이다. 연리12%(계산의 편의상 적용)라면 200만원 유럽여행으로 한단동안 2만원의 이자수입이 없어진 셈이다. 이 2만 원이 기회비용이라는 것이다.

한 달 살기의 대중화

코로나 바이러스의 팬데믹 이후이 어행은 단순 방문이 아닌, '살아보는' 형태의 경험으로 번화힐 것이다. 만약 코로나19가 지나간 후 우리의 삶에 어떤 변화가 다가올 것인가?

코로나 바이러스 팬데믹 이후에도 우리는 여행을 할 것이다. 여행을 하지 않고 살아갈 수 있는 사회로 돌아가지는 않는다. 이런 흐름에 따라 여행할 수 있도록, 대규모로 가이드와 함께 관광지를 보고 돌아가는 패키지 중심의 여행은 개인들이 현지 중심의 경험을 제공할 수 있는 다양한 방식의 여행이 활성화될 수 있다. 많은 사람이 '살아보기'를 선호하는 지역의 현지인들과 함께 다양한 액티비티가 확대되고 있다. 코로나19로 인해 국가 간 이동성이 위축되고 여행 산업 전체가 지금까지와 다른 형태로 재편될 것이지만 역설적으로 여행 산업에는 새로운 성장의 기회가 될 수 있다.

코로나 바이러스가 지나간 이후에는 지금도 가속화된 디지털 혁신을 통한 변화를 통해 우리의 삶에서 시·공간의 제약이 급격히 사라질 것이다. 디지털 유목민이라고 불리는 '디지털 노마드'의 삶이 코로나 이후에는 사람들의 삶 속에 쉽게 다가올 수 있다. 재택근무가 활성화되는 코로나 이후의 현장의 상황을 여행으로 적용하면 '한 달 살기' 등 원하는 지역에서 단순 여행이 아닌 현지를 경험하며 내가 원하는 지역이서 '살아보는' 여행이 많아질 수 있다. 여행이 현지의 삶을 경험하는 여행으로 변화할 것이라는 분석도 상당히 설득력이 생긴다.

결국 우리 앞으로 다가온 미래의 여행은 4차 산업혁명에서 주역이 되는 디지털 기술이 삶에 밀접하게 다가오는 원격 기술과 5G 인프라를 통한 디지털 삶이 우리에게 익숙하게 가속화되면서 균형화된 일과 삶을 추구하고 그런 생활을 살면서 여행하는 맞춤형 여행 서비스가 새로 생겨날 수 있다. 그 속에 한 달 살기도 새로운 변화를 가질 것이다.

여행의 뉴 노멀^{New Normal}, 한 달 살기

특정 도시의 라이프스타일과 문화를 일산생활에시 체험하듯이 한 달 살기에서 느낄 수 있다. 선시, 박물관 체험 등을 통해 경험해 볼 수 있는 도시마다 다른 테마 프로그램이 있다는 사실을 알게 된다. 누가 처음으로 만든 여행이 아니고 바쁘게 보고 돌아다니는 관광에 지친 사람들이 원하는 여행이 "한 달 살기"라는 이름의 여행으로 나타나게 되었다.

기초적인 요리를 배워 보는 쿠킹 클래스, 요가 강사를 섭외해 진행하는 요가 수업 등을 경험해 볼 수 있는 프로그램이 많기 때문에 새로운 체험을 즐기면서 새로운 도시에서 새로운 체험을 할 수 있다. 한 달 살기를 하면서 새로운 도시를 찾은 여행자들이 현지에서 사는 느낌을 받을 수 있는 여행 형태이다.

도시마다 다른 여행 취향을 반영한 한 달 살기처럼 여행자가 선택하는 도시에서 볼거리, 맛집 등을 기반으로 장기간의 여행과 현지인의 삶의 방식을 즐길 수 있는 여행플랫폼이기도 하다. 짧은 여행이나 배낭여행으로는 느낄 수 없어서 바뀌는 여행 트렌드를 반영한 한 달 살기로 태어났다고 볼 수 있다.

한 달 살기가 대한민국에 새로운 여행문화를 이식시키고 있다. 한 달 살기는 '장기 여행'의 다른 말일 수도 있다. 그 전에는 대부분 코스를 짜고 코스에 맞추어 10일 이내로 동남아시

아든 유럽이든 가고 싶은 여행지로 떠났다. 유럽 배낭여행도 단기적인 여행방식에 맞추어 무지막지한 코스를 1달 내내 갔던 기억도 있지만 여유롭게 여행을 즐기는 문화는 별로 없었다.

한 달 살기의 장기간 여행이 대한민국에 없었던 이유는 경제발전을 거듭한 대한민국에서 오랜 시간 일을 하지 않고 여행을 가는 것은 상상하기 힘든 것이었다. 하지만 장기 불황에 실직이 일반화되고 멀쩡한 직장도 퇴사를 하면서 자신을 찾아가기 위한 시간을 자의든 타의든 가질 수 있게 되어 점차 한 달 살기를 하는 장기 여행자는 늘어나고 있다.

거기에 2020년의 코로나 바이러스가 전 세계를 강타하는 초유의 상황이 벌어지면서 바이러스를 피해 사람들과의 접촉을 줄이기 위해 재택근무가 늘어나고 원격 회의, 5G 등의 4차 산업혁명이 빠르게 우리의 삶에 다가오면서 코로나 이후의 뉴 노멀New Normal, 여행이 이식될 것이다. 그 중에 하나는 한 살 살기나 자동차 여행으로 접촉은 줄어들지만 개인들이 쉽게 찾아가고 자신이 여행지에서 여유롭게 느끼면서 다니는 여행은 늘어날 것이다.

여행을 하면 "여유롭게 호화로운 호텔에서 잠을 자고 수영장에서 여유롭게 수영을 하면서 아무것도 하지 않는 것이 꿈이다"라고 생각하면서 여행을 하지만 1달 이상의 여행을 하면 아무것도 안 하고 1달을 지내는 것은 쉬운 일이 아니다. 한 달 살기를 하면 반드시 자신에 대해 생각을 하게 된다. 일상에서 벗어나게 되므로 새로운 위치에서 자신을 볼 수 있게 되는 장점이 있다.

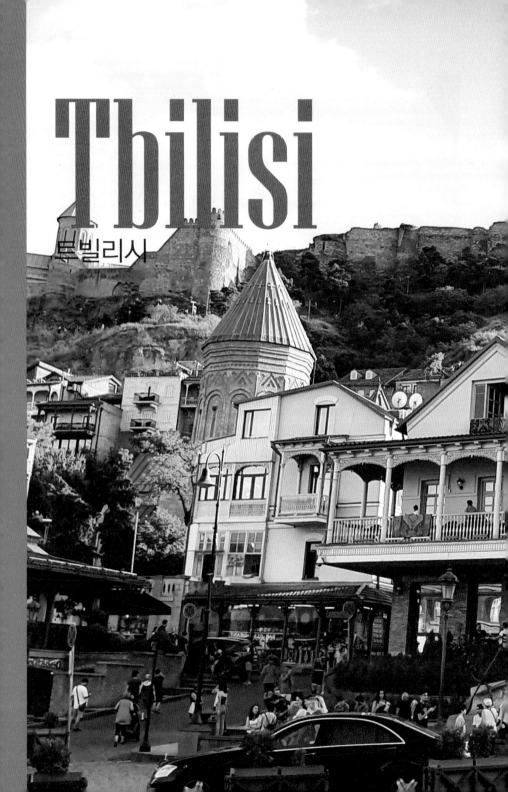

Tbilisi

트빌리시

트빌리시 IN

조지아는 2017년부터 한국에 본격적으로 이름을 알리기 시작하였다. 조지아로 가는 직항은 한시적으로 대한항공이 여름 시기에만 개설한다. 대부분의 항공기는 터키항공이나 러시아 항공에서 터키의 이스탄불, 러시아의 수도인 모스크바를 경유하거나 UAE의 두바이나 카타르를 경유해 조지아의 수도인 트빌리시로 이동한다.

중동을 경유하는 항공노선은 새벽 1시에 출발하고 러시아 항공은 낮에 출발하기 때문에 낮에 출발할지, 밤에 출발할지를 결정해야 한다. 출발시간은 차이가 있어도 조지아의 수도, 트빌리시에는 낮에 도착하기 때문에 시내로 이동하는 것이 수월하다.

택시

버스는 시내를 거쳐서 이동하므로 약 40분 정도 소요된다. 만약 빠른 이동을 원한다면 택시를 탑승해야 한다. 최근에 차량 공유 서비스인 우버Uber를 사용하기도 하지만 조지아에서는 얀텍스라는 택시 어플을 사용하기 때문에 사전에 어플을 다운로드 받아서 준비하는 것이 좋다. 택시를 탑승하기 전에 조지아 통화인 라리 Rari로 환전을 하여 탑승해야 한다. 택시는 반드시 협상을 하고 나서 탑승을 해야

택시 바가지를 당하지 않는다. 또한 택시를 탑승하기 전에 환전을 안 하고 고액 20, 50유로를 제시하면 거스름돈을 주지 않는 경우가 발생할 수 있다.

버스(Bus)

공항은 크지 않아서 도착하여 입국에 소요되는 시간은 오래 걸리지 않는다. 조지아가 개발도상국이라 공항이 작고 시설이 낡을 거라는 인식이 있지만 공항 시설은 나쁘지 않다. 공항을 나가서 오른쪽으로 이동하면 버스 정류장이 있다. 배차 간격은 35분이지만 사람이 많으면 시간이 되기 전에 출발하기도 한다.
심^{Sim}카드를 사전에 구입해 구글맵으로

자신이 내릴 위치를 사전에 확인해 놓는 것이 편리하다. 시내로 들어가는 버스를 타는 것도 버스를 타고 나서 버스티켓(0.5라리)을 구입하면 되기 때문에 어렵지 않다. 만약에 모른다면 버스기사에게 물어보면 설명을 해준다.

동전 준비

버스를 탑승하려면 사전에 동전을 준비해야 한다. 워낙에 버스비가 저렴하기 때문에 동전이 아니면 버스기사는 난감해 한다. 환전 시에 동전을 받지 못하면 작은 물품을 구입하거나 커피점에서 커피를 사서 마시고 동전을 준비해 탑승하도록 하자.

내리기 전에

버스에서 나의 숙소 근처에서 내리기 위해서는 정류장을 확인해야 한다. 그런데 확인하기가 쉽지 않다. 그럴 때는 버스에 탑승한 젊은이에게 물어보면 영어로 설명해주고 알려주므로 수줍어하지 말고 물어보도록 하자.

트빌리시에서는 교통카드를 구입해 사용하지만 관광객은 많이 사용하지 않으므로 구입을 하지 않아도 된다.

트빌리시 국제 공항 미리 보기

입국심사를 마치고 내려오면 자신의 짐을 찾는 사람들이 보인다.

입국장에는 항상 사람들로 북적인다.

환전을 하거나 현금을 인출할 수 있는 환전소와 ATM이 보인다.

환전을 하는

출국장의 조지아 상점에서 조지아 기념품을 구입할 수 있다.

조지아 기념품 상점

공항에서 나와 왼쪽에 택시와 버스 정류장이 보인다.

시내로 가는 37번 버스

공항의 왼쪽 입구 모습

렌터카는 입국장 왼쪽에 허츠부터 다양한 렌터카 회사들이 보인다.

조지아 여행 잘하는 방법

1. 도착하면 관광안내소(Information Center)를 가자.

어느 도시가 되도 도착하면 해당 도시의 지도를 얻기 위해 관광안내소를 찾는 것이 좋다. 공항에 나오면 중앙과 왼쪽에 크게 i라는 글자와 함께 보인다. 환전소를 잘 몰라도 문의하면 친절하게 알려준다. 방문기간에 이벤트나 변화, 각종 할인쿠폰이 관광안내소에 비치되어 있을 수 있다.

2. 심카드나 무제한 데이터를 활용하자.

공항에서 시내로 이동을 할 때 택시를 이용하려면 얀텍스 어플을 이용해야 하며 바가지를 쓰지 않는다. 또한 저녁에 숙소를 찾아가는 경우에도 구글맵이 있으면 쉽게 숙소도 찾을 수 있어서 스마트폰의 필요한 정보를 활용하려면 데이터가 필요하다.

심카드를 사용하는 것은 매우 쉽다. 빌라인билайн 매장이나 다른 심카드 매장에 가서 스마트폰을 보여주고 데이터의 크기1기가 4라리, 3기가 12라리, 10기가 15라리 등) 선택하면 매장의 직원이 알아서 다 갈아 끼우고 문자도 확인하여 이상이 없으면 돈을 받는다.

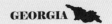

3. 달러나 유로를 '라리(Rari)'로 환전해야 한다.

공항에서 시내로 이동하려고 할 때 버스(37번)를 가장 많이 이용한다. 이때 조지아 '라리 Rari'가 필요하다. 공항에서 필요한 돈을 환전하여 가고 전체 금액을 환전하기 싫다고 해도 일부는 환전해야 한다. 시내 환전소에서 환전하는 것이 더 저렴하다는 이야기도 있지만 금 액이 크지 않을 때에는 큰 차이가 없다.

4. 버스에 대한 간단한 정보를 갖고 출발하자.

조지아는 현지인들이 버스를 많이 이용하기 때문에 버스가 중요한 시내교통수단이다. 버스정류장도 잘 모르면 당황하는 경우가 많이 발생한다. 또한 버스는 앞문이든 뒷문으로 탑승하면 현금으로 버스비를 동전으로 내기 때문에 미리 버스비를 준비하여 탑승하는 것이 좋다.

아니라면 버스카드가 있어야 하는 데 관광객은 없는 경우가 대부분이다. 다만 렌트카를 이용해 여행하는 것은 추천하지 않는다. 운전이 험하고 표지판을 보아도 어디인지 알 수 없어 렌트카로 원하는 곳을 찾기가 쉽지 않아 제한이 있을 수 있다.

5. '관광지 한 곳만 더 보자는 생각'은 금물

조지아는 쉽게 갈 수 없는 해외여행지이다. 그래서 많은 관광지를 보고 싶은 마음에 급해지면서 많은 관광지를 보는 것에 집중할 수 있지만 좋은 여행방법은 아니다. 물론 사람마다 생각이 다르겠지만 평생 한번만 갈 수 있다는 생각을 하지 말고 여유롭게 관광지를 보는 것이 좋다. 한 곳을 더 본다고 여행이 만족스럽지 않다.

자신에게 주어진 휴가기간 만큼 행복한 여행이 되도록 여유롭게 여행하는 것이 좋다. 서둘러 보다가 지갑도 잃어버리고 여권도 잃어버리기 쉽다. 한 곳을 덜 보겠다는 심정으로 여행한다면 오히려 더 여유롭게 여행을 하고 만족도도 더 높을 것이다.

6. 아는 만큼 보이고 준비한 만큼 만족도가 높다.

조지아의 관광지는 역사와 긴밀한 관련이 있다. 그런데 아무런 정보 없이 본다면 재미도 없고 본 관광지는 아무 의미 없는 장소가 되기 쉽다. 역사와 관련한 정보는 습득하고 조지아 여행을 떠나는 것이 준비도 하게 되고 아는 만큼 만족도가 높은 여행이 된다.

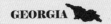

7. 에티켓을 지키는 여행으로 현지인과의 마찰을 줄이자.

현지에 대한 에티켓을 지키지 않든지 몰라서 대한민국 관광객이 늘어나고 있지만 대한민국에 대한 인식도 좋지 않을 수 있다. 조지아로 여행할 때는 조지아 인에 대해 에티켓을 지켜야 하는 것이 먼저다.

8. 부가가치세 15%에 대해 관대해져야 한다.

조지아는 팁을 받지 않는 레스토랑이 많다. 팁에 대해 미국처럼 신경을 쓰지 않아도 되어 편하게 이용할 수 있다. 그러나 부가가치세를 음식가격에 더해 가격을 계산한다. 그래서 계산이 틀리는 경우가 많다.

조지아 철도 교통

조지아의 철도는 매우 중요한 교통수단이다. 2,300㎞가 넘는 모든 철도를 국가에서 관리하고 있다. 조지아의 철도는 트빌리시를 중심으로 동쪽과 서쪽으로 양분되는 2개의 노선으로 구성된다. 또한 조지아의 옆 나라인 아르메니아와 아제르바이잔과의 국제 철도 연결도 있다. 트빌리시Tbilisi, 주그디디Zugdidi, 바투미Batumi, 쿠타이시Kutaisi가 주요 노선이며 이 도시를 기점으로 다른 도시 간의 고속 열차와 각 지역에서 출, 퇴근하는 통근 열차가 매일 운행되고 있다.

조지아 철도의 종류

조지아 철도는 속도에 따라 구분이 된다. 철도의 속도에 따라 구분이 되는 것은 유럽의 자본이 들어와 건설을 하였기 때문에 가격이 다르고 최근에 만들어진 철도일수록 안락한 이동이 가능하다.

스태들러(Stadler)

고속 열차는 스위스 회사인 스태들러 레일AGStadler Rail AG에서 열차를 제공하고 있다. 5시간 동안 300㎞가 넘는 거리인 트빌리시와 바투미 사이를 오가고 있다.

스태들러(Stadler)

급행열차

트빌리시–주그디디 노선에서 고속 열차가 운행되고 있다. 트빌리시에서 주그디디까지 매일 5시간 30분이 소요된다.

급행열차

야간열차

야간열차는 트빌리시와 바투미, 주그디디를 연결한다. 유럽여행에서 이용하는 유레일 패스 같은 침대열차인 쿠셋과 비슷하다. 메스티아를 가기 위해 주그디디까지 이동하여 새벽에 도착하면 마르쉬루트카를 타고 메스티아까지 다시 이동하는 루트에서 대부분의 관광객이 이용하고 있다.

야간열차

국제열차

국제노선을 운영하는 조지아 레일웨이즈Georgia Railways는 2개의 침대가 있는 편안한 수면 차인 SV스파르니 바곤Spalniy Vagon, 4개의 침대가 있는 침대열차, 6명 이상이 이용하는 이코노미 클래스인 플랏카트Platscart로 이용할 수 있다. 국경선을 통과하면 정차하여 여권을 확인하고 나서 이동한다.

트빌리시에서 기차를 타러 가려면 지하철 스테이션 스퀘어 역에서 하차하여야 한다. 대한민국의 서울역 같은 건물이 역 옆에 있다. 기차표를 구입하는 매표창구는 3층으로 이동해야 하며 2층(No 1), 3층(No 2, 3)에는 기차를 탑승하는 플랫폼이 있다.

국제열차

기차표를 구입하려면 가장 먼저 번호표를 뽑아서 자신의 순서를 기다려야 한다. 큰 공간에 어떻게 해야 할지 난감하다면 구입을 도와주는 도우미가 대기하고 있으므로 도움을 청하면 된다.

기차표 구입하기

트빌리시에서 기차를 타러 가려면 지하철 스테이션 스퀘어 역에서 하차하여야 한다. 대한민국의 서울역 같은 건물이 역 옆에 있다. 기차표를 구입하는 매표창구는 3층으로 이동해야 하며 2층(No 1), 3층(No 2, 3)에는 기차를 탑승하는 플랫폼이 있다. 기차표를 구입하려면 가상 먼저 번호표를 뽑아서 자신의 순서를 기다려야 한다. 큰 공간에 어떻게 해야 할지 난감하다면 구입을 도와주는 도우미가 대기하고 있으므로 도움을 청하면 된다.

스테이션 스퀘어 역 하차

왼쪽으로 이동하면 중앙역 건물이 나온다.

플랫폼을 확인하고 이동한다.

기차역과 시간을 확인하고 자신의 순서를 기다린다.

직원에게 질문을 하자.

현장에서 기차표 구입하기

1 번호표를 뽑아서 기다리기

2 번호표에 나온 번호를 기다려야 한다. 번호가 지나가지 않도록 조심해야 한다. 번호가 지나가면 다시 뽑아서 기다려야 한다.

3 번호와 매표소 번호를 확인하고 이동한다. 자신이 이동하려는 목적지와 이동하려는 시간을 해당매표소 직원에게 이야기한다. 영어가 통하지 않는다면 사전에 종이에 목적지와 시간을 적어서 보여주면 된다.

4 티켓을 받아서 출발지 – 목적지 – 출발일 – 출발시간 – 좌석번호를 확인해야 한다.

인터넷에서 기차표 구입하기

1 조지아 철도청 홈페이지(www.railway.ge/en)이나 어플에 접속한다.

2 오른쪽 위에 있는 'Tickets'이나 'Buy Ticket'을 터치한다.

3 회원가입을 한 다음에 기차표를 구입할 수 있다. 회원가입을 하기 싫다면 현장에서 구입해야 한다.

4 'Purchase a Ticket'을 터치하고 출발지 – 목적지 – 출발일 – 출발시간 – 좌석번호를 선택해야 한다. Compartment carriage(4인실 침대칸), Soft-seated carriage(2인실 침대칸)을 구분해 구입해야 한다.

5 개인 정보를 입력하고 결제한다.

6 결제를 완료한 후 메일에 e 티켓을 받아서 확인한다. 어플에는 QR코드를 생성하므로 이후에 보여주면 된다.

야간열차 탑승하기

1 표를 확인하고 플랫폼으로 내려가서 기다린다.

2 시간에 맞춰서 열차가 도착하므로 미리 내려가서 기다릴 필요는 없다. 기차 시간에 가까워지면 배낭을 매고 이동하는 관광객이 있으므로 따라 내려가도 된다. 열차번호와 좌석번호를 확인하고 탑승한다.

3 4인실이든 2인실이든 자신의 짐과 1, 2층의 열차 내에 있는 침대위치를 확인하고 같이 열차에 있는 여행자와 이야기를 하고 밤을 같이 보내는 것이 도움을 받을 수 있는 방법이다.

사전 준비사항

야간열차를 탑승하기 전에 야간에 마실 물이나 간단한 먹거리를 준비하자. 의외로 밤이 짧지 않다. 흔들리는 기차로 인해 잠을 못자는 여행자도 상당히 된다.

스마트폰이나 각종 전자기기는 미리 충전을 해 놓아야 한다. 열차에서는 충전을 하기 힘들다. 야간열차에서 내려서 차를 탑승하여 메스티아로 이동하려고 해도 충전을 못하고 미니버스로 이동하여 바로 출발한다. 아침식사를 하려고 할 때 식당에서 충전을 하려고 관광객들이 질문을 하고 충전기를 이용하게 된다.

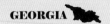

조지아 각 도시를 이동하는 방법, 마르쉬루트카

대한민국에서 여행을 하려면 자동차가 아니면 철도나 고속버스를 이용할 것이다. 고속버스는 저렴하게 원하는 도시로 이동할 수 있어 대중적으로 인기가 높다. 마찬가지로 조지아 각 도시 이동하는 방법도 미니버스를 타고 이동하는 것이다. 이 미니버스를 '마르쉬루트카 Marshrutka'라고 부른다. 매우 저렴한 가격으로 각 도시를 이동할 수 있다.

저렴하지만 대한민국의 고속버스를 생각하면 안 된다. 미니버스는 9인승 봉고보다는 크고 25인승, 콤비버스보다는 작다. 출발하는 시간이 있지만 인원이 적으면 원하는 인원이 찰 때까지 기다렸다가 출발하기도 한다. 성수기에 오전 9시까지는 여행자가 많아서 바로 출발하지만 오후부터는 여행자가 적어서 출발이 늦어지게 된다. 그래서 여행일정을 넉넉하게 시간을 비우고 기다려야 한다. 아니면 실망감이 클 것이다.

대부분의 마르쉬루트카Marshrutka는 지하철 디두베Didube 역에서 출발한다. 하지만 시그나기 등의 남동부 도시는 삼고리Samgori 역에서 출발하므로 출발하는 역을 미리 확인하고 출발해야 한다. 대부분의 마르쉬루트카Marshrutka는 회색이나 하얀 색 차량이지만 색상이 다른 관광지를 써 놓은 차량도 있으니 시간에 늦어도 찾아서 운전기사에게 문의를 한다.

오르타찰라(Ortachala)

카헤티 지방의 텔라비(Telabi)를 가거나 아르메니아, 아제르바이잔, 터키를 가는 국제선 버스는 중앙 버스터미널인 오르타찰라(Ortachala)에서 출발한다. 지하철로는 이동할 수 없기 때문에 택시를 타고 이동해야 하는 단점이 있다. 버스티켓은 매표소가 있으므로 매표소에서 구입하여 시간을 확인하고 탑승한다.

메스티아(Mestia)

수도인 트빌리시(Tbilisi)에서 메스티아(Mestia)를 가려면 주그디디(Zugdidi)까지 기차로 이동했다가 마르쉬루트카Marshrutka를 타고 주그디디(Zugdidi)에서 메스티아까지 이동한다. 그런데 돌아올 때는 마르쉬루트카(Marshrutka)를 타고 트빌리시까지 이동한다. 메스티아(Mestia)에서는 마르쉬루트카(Marshrutka)를 예약을 해야 한다. 1~2일 전에 원하는 시간대를 확인하고 예약을 하면 된다.

→ 메스티아(Mestia)에서 바투미(Batumi)를 거쳐 트빌리시로 돌아오려는 여행자는 바투미까지 마르쉬루트카(Marshrutka)로 이동하고 바투미에서 트빌리시까지는 기차를 타는 여행자가 더 많다.

마르쉬루트카 타는 방법

[1] 차량의 유리창에 목적지를 확인한다.

[2] 조지아어로 되어 있다면 운전기사에게 목적지를 이야기해야 한다.
[3] 출발시간과 요금을 반드시 먼저 확인한다.
[4] 반드시 버스티켓을 주기 때문에 확인하고 탑승하도록 한다. 가끔, 마르쉬루트카에 탑승하고 있으면 인원을 확인하면서 버스티켓을 판매하기도 한다.

마르쉬루트카는 고속버스 VS 완행버스?

마르쉬루트카Marshrutka는 고속버스의 개념이지만 중간 중간에 사람이 내리고, 타는 완행버스가 더 맞는 개념이다. 사람이 많으면 서서 이동하기도 한다. 대중교통이 발달이 안 된 조지아는 도시 인근에 사는 사람들은 사람이 내리는 역에서 기다리면서 마르쉬루트카가 오면 타고 도시로 이동하는 사람들이 많다. 집에 차량이 없는 집들도 상당히 많으므로 마르쉬루트카Marshrutka는 다양하게 쓰이고 있다.

배낭 여행자에게 가격이 저렴한 마르쉬루트카는 조지아를 여행하는 편리한 방법이다.

| 조지아 각도시 소요시간과 요금

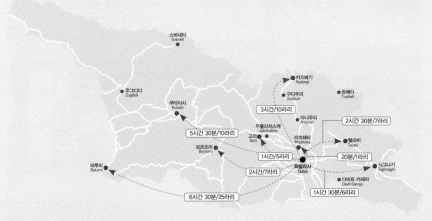

▶ 트빌리시 출발 : 09:00, 11:00, 13:00, 15:00, 17:00
▶ 예라반 출발 : 08:30, 13:30, 13:00, 15:00, 17:00

시내 교통

수도인 트빌리시Tbilisi는 조지아에서 가장 중요한 도시 중 하나로 시민들이 사용하기에는 잘 갖춰진 시내교통 체제를 가지고 있다. 19세기 말에서 20세기 초에 큰 교통 인프라를 구축하면서 러시아 제국의 통치시대에 연방의 주요 수도로 성장했다. 현재 지하철과 시내버스가 중요한 대중교통으로 사용되고 있다.

버스

트빌리시 시민들은 도심에 사는 시민들보다 외곽에 사는 시민들이 많아 시내버스는 중요한 교통수단이지만 도심에 있는 숙소를 이용하는 관광객은 버스를 탈 경우는 거의 없다.

시민들은 교통카드에 충전을 해서 버스를 이용하지만 관광객은 직접 0.5라리를 넣어서 영수증을 받아서 이용하면 된다. 물론 교통카드가 있다면 간단하게 터치만 하면 이용할 수 있다. 잘 모르겠다면 젊은이들에게 영어로 질문을 하면 친절하게 설명을 해 줄 것이다.

지하철

소련의 통치시기에 지하 철도 시스템을 구축하기 위한 기준이었던 인구 백만 명이 넘는 도시 규모에서 못 미쳤지만, 1952년에 인구 약 600,000명일 때 건설이 제기되었다. 하지만 지하철 공사는 1966년 1월에 시작되어 인구가 많은 주거 지역인 디두베Didube와 무크바리 강Mtkvari River 오른쪽 강둑의 도심 지역인 루스타벨리 거리Rustaveli Avenue를 연결하면서 트빌리시 지하철은 소련에서 4번째로 구축되었다.

현재, 마카메텔리Akhmeteli – 바르케틸리Varketili(16개역)와 사부르탈로Saburtalo(6개역)의 2개 노선이 있다. 2004~2012년에 트빌리시 지하철 시스템은 기차와 역을 현대화하였지만 대한민국의 지하철이 너무나 깨끗하고 현대적이라 낡아 보인다. 교통카드를 도입하는 결제 수단의 현대

에어컨이 없어서 덥다면 창문위의 작은 문을 열어서 시원하게 만든다.

화로 '메트로 머니 카드'는 편리하게 사용할 수 있다.

> 지하철 시스템
>
> 1. 이른 아침 6시부터 밤 12시까지 운행
> 2. 열차 사이의 시간 간격은 출퇴근 시간은 2.5분, 평소에는 10분 간격으로 운행
> 3. 교통카드(Metro Money)는 2라리로 구입 가능(한 달 이내에 현금으로 환급가능)
> 4. 지하철은 0.5 라리 (편도, 90분 사용가능)

메트로 머니카드를 구입하기 힘들다면

지하철 입구에는 지하철에 대해 설명하고 도와주는 도우미가 있으므로 영어로 질문을 하면 도와준다.

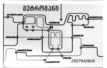

소련 시대를 연상시키는 지하철

대부분의 구 소련의 연방이었던 나라와 러시아는 비슷한 지하철 시스템을 가지고 있나. 선챙을 대비해 지하 깊숙이 내려가서 낡은 열차를 탄다.

지하철 내부는 약간 어두침침하여 기분마저 어두워질지도 모르지만 사람들은 바쁘고 활기차게 다닌다. 열차의 속도는 빠르지 않지만 소리는 시속 130km/h를 넘을 것 같이 빠르게 다가온다.

교통카드 충전

지하철과 버스를 이용하려면 '메트로 머니Metro Money'라는 교통카드를 구입하여 충전해 사용할 수 있다. 교통카드는 버스나 지하철역 어디든 있기 때문에 충전은 어렵지 않다.

충전 방법
1. 오른쪽 위의 국기를 영국으로 선택하면 영어로 바뀐다.
2. 왼쪽 위의 'Transport Top Up' 부분을 터치한다.
3. 교통카드를 와이파이 모양부분에 올려 놓는다.
4. 카드의 잔액이 화면에 표시되고 원하는 금액을 넣어 Pay를 터치하여 결재한다.
5. Finish가 화면에 표시될 때까지 기다려 충전을 완료한다.

탑승방법
지하철 입구로 이동하면 터치를 할 수 있는 네모박스가 있다. 여기에 터치를 하면 안으로 들어갈 수 있다.

마르쉬루트카(Marshrutka)의 편견
지정된 노선을 운행하지만 택시처럼 자신이 원하는 목적지를 이야기하여 원하는 목적지까지 이용할 수 있도록 만든 미니버스가 마르쉬루트카Marshrutka이다. 처음에 마르쉬루트카Marshrutka는 먼 도시들을 연결하는 버스가 아니었다. 마르쉬루트카Murshrutka 서비스는 도시 외곽에서 도심으로 들어갈 수 있도록 지하철 디두베 역Didube Station과 연계되어 형성되었기 때문에 지금도 트빌리시Tbilisi 전역에서 이용할 수 있다.

택시(Taxi)
택시는 반드시 차량에 택시라는 노란색 간판이 택시 지붕위에 보이므로 확인하고 탑승한다. 보통 유럽 여행에서 택시를 이용할 때는 야간이나 급하게 이동해야 하는 경우지만 트빌리시에서는 자주 이용해도 부담이 적다. 왜냐하면 택시비가 저렴하기 때문이다. 그런데 가끔은 바가지 요금이 있으므로 사전에 적은 돈으로 환전하고 동전까지 준비해서 탑승하는 것이 좋다. 큰 금액의 지폐를 보여주면 거스름돈이 없다고 하거나 아예 거스름돈을 주지 않는 경우가 발생하기 때문이다.

한눈에 트빌리시 파악하기

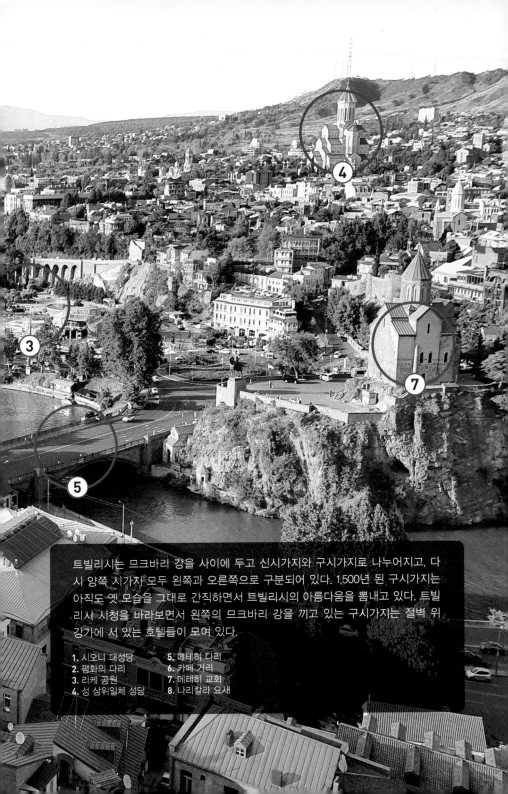

트빌리시는 므크바리 강을 사이에 두고 신시가지와 구시가지로 나누어지고, 다시 양쪽 시가지 모두 왼쪽과 오른쪽으로 구분되어 있다. 1,500년 된 구시가지는 아직도 옛 모습을 그대로 간직하면서 트빌리시의 아름다움을 뽐내고 있다. 트빌리시 시청을 바라보면서 왼쪽의 므크바리 강을 끼고 있는 구시가지는 절벽 위 강가에 서 있는 호텔들이 모여 있다.

1. 시오니 대성당   5. 메테히 다리
2. 평화의 다리   6. 카페 거리
3. 리케 공원   7. 메테히 교회
4. 성 삼위일체 성당   8. 나리칼라 요새

트빌리시 핵심도보여행

5세기에 세워진 조지아의 수도 트빌리시의 구시가지는 양 옆으로 쿠라^{Kura}강이 흐르고 고풍스런 옛 간물이 많아 올드 트빌리시^{Old Tbilisi}로 불리며, 고대 도시로서의 가치가 높고 기독교 건축양식의 사조를 알 수 있는 유적들이 많아 트빌리시 역사지구^{Tbilisi Historic District}로 지정되었다.

트빌리시여행은 구시가지에서 시작한다. 가장 오래된 교회부터 가장 중요한 교회까지 주요 시설들이 구도심에 몰려 있어 걸어 다니며 두루 볼 수 있다. 메테히 다리를 건너 쿠라^{Kura}강 언덕에 있는 메테히^{Metekhi Church} 교회를 만날 수 있다. 무려 37번이나 다시 지어진 이 교회는 조지아정교 수난의 상징이다. 옛 소련 시절에는 감옥과 극장으로 사용되기도 했다. 교회 옆에는 트빌리시를 세운 바

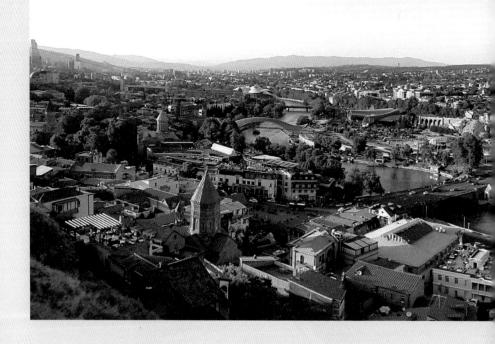

흐탕 고르가살리 왕의 동상이 있는데 이곳이 올드 타운 전체를 조망하기에 가장 좋은 곳이다. 쿠라Kura강 도심을 가로질러 굽이쳐 흐르고, 강 옆 깎아지른 절벽 위 메테히Metekhi교회는 트빌리시를 찾는 모든 이들을 바라보고 있다.

메테히 다리를 다시 건너 케이블카를 타고 나리칼라 요새에 오르면 도시 전체를 볼 수 있다. 4세기경 페르시아가 처음 짓기 시작한 이 요새는 8세기에 아랍족장의 왕국이 들어서며 현재의 모양으로 완성되었다. 적의 침입을 알 수 있도록 쿠라^Kura강까지 쉽게 조망할 수 있는 곳에 만든 요새이다.

요새에서 내려오면 폭포로 가는 협곡이 있다. 폭포는 크지 않지만 협곡 위에 자리 잡은 건축물들이 볼거리다. 협곡 입구에는 벽돌무덤 단지처럼 생긴 유황온천 지대가 있다. 가족 욕실도 있어서 피로를 풀기 좋은 곳이다. 구도심에서 조금 떨어져 있지만 트빌리시 벼룩시장도 꼭 들러야 하는 곳이다. 진귀한 골동품이나 옛 소련 물품이 많아서 물건을 고르는 재미가 유별나다. 볼거리가 많은 구시가지의 노천카페와 레스토랑들이 줄지어 있다. 유럽의 관광도시하고 다를 것이 별로 없다. 가을이 되면 거리 곳곳에 포도나무들이 덩굴터널을 만든다.

나리칼라 요새를 올라가기 시작하는 지점에는 "I love Tbilisi"라는 표시가 보이고 주위에는 카페들이 즐비하다. 이곳은 광장도 아니지만 광장 같은 느낌의 공간이 있고 나리칼라 요새, 메테히 교회 등을 볼 수 있어 마치 트빌리시의 중간 지점 같다. 메테히 다리를 시작하는 지점의 골목으로 카페들이 골목길을 따라 이어진 지점이 카페 거리이다. 위치를 잘 모르겠다면 네모난 시계를 보고 시작지점을 확인할 수 있다. 혹자는 '여행자거리'라고 부르지만 여행자거리는 아니고 카페골목이라고 부르는 것이 더 맞을 것 같다. 카페 골목이 끝나는 지점에 타마다 작은 동상이 나오므로 시작과 끝은 정확하게 알 수 있다.

카페 골목이 끝나는 지점에는 시오니 교회와 평화의 다리가 나오고 평화의 다리를 건너면 리케 공원이다. 시오니 교회는 성녀 니노St. Nino의 포도나무 십자가가 보관되어 있는 곳으로 트빌리시의 올드 타운 안에 있는 랜드마크로 유명한 교회이다.

쿠라(Kura) 강, 동 · 서의 상징

어머니상(Mother of Georgia / Kartlis Deda)

솔로라키 언덕Sololaki Hill 꼭대기에 있는 조지아의 어머니상이라고 불리는 트빌리시의 상징이다. 왼손에는 와인을 오른손에는 칼을 든 모습으로 시내를 내려다보고 있다. 적에게는 용감하게 동포에게는 포도주를 대접한다는 의미를 갖고 있는 그루지야 어머니상은 조지아를 가장 잘 표현한 말이다. 이민족에게 끊임없이 침략을 받으면서 몇 천년동안 지켜나간 조지아는 어머니처럼 부드럽지만 강할 때는 강할 줄 아는 민족의 나라이다. 동상은 케이블카를 타고 올라가면 전체를 조망할 수 없고 산책로가 뒤로 나 있지만 옆모습만이 보인다.

손님에게는 와인을 적에게는 칼을 이라고 표현하기도 한다. 처음부터 힘들게 칼로 싸울 생각을 하지 않고 다음 뒤에 칼을 들었을 것만 같다고 하기도 하고, 적이 오면 힘들게 우리들 손해는 없게 해야 되는데 상대방 맨 정신에 전쟁을 하면 힘들기 때문이 아닐까라고 들으니 슬퍼지기도 한다. 그만큼 삶이 힘들었던 '조지아'이다.

주소_ ySololaki Hill

주소_ Elia Hill 위치_ Avlabari역 전화_ +995-599-98-88-15

츠민다 사메바 성당(Tsminda Sameba Cathedral)

구소련으로부터 독립한 후 조지아인만을 위해 세운 조지아 정교회 사원으로 조지아 정교회의 1,500주년을 기념하기 위해 만들어진 성당이다. 성당은 상당히 크기 때문에 트빌리시의 어디서든 볼 수 있다. 시내 중심에 있지 않고 카즈베기 산을 배경으로 언덕에 위치해 있다. 올드 타운에서 상당히 먼 거리이기 때문에 차를 타고 이동한다. 걸어가려면 중간에 있는 언덕길은 비포장이기 때문에 먼지투성이가 될 수 있다. 성당 앞의 언덕에서 보는 풍경도 아름답다.

트빌리시의 이국적인 분위기

강가에 있는 구시가지에 한 발짝 발을 들여놓으면 아득한 옛날 조지아를 정복한 페르시아의 향기가 감돈다. 목조 가옥의 위층에는 발코니가 설치되어 있는데, 난간에 새겨진 투명한 조각이 이국적인 분위기를 자아낸다.

구시가지는 옛 거리를 보존하기 위해 포장하지 않았다. 도로 공사를 하더라도 파헤친 돌을 다시 묻어서 원래대로 복구해 놓는 방식으로 보존하고 있다. 민족 분쟁이 끊이지 않는 코카서스 3국이지만 조지아의 수도, 트빌리시에는 많은 민족이 살고 있어 국제적이고 자유로운 분위기가 느껴진다.

이란의 이맘모스크와 비슷한 분위기의 모스크

이란의 이맘모스크와 비슷한 분위기의 모스크

트빌리시의 특이한 모습의 시계 탑

????????????????????????

페르시아가 점령할 당시 사용한 유황온천

트리빌시 지하철 노선도

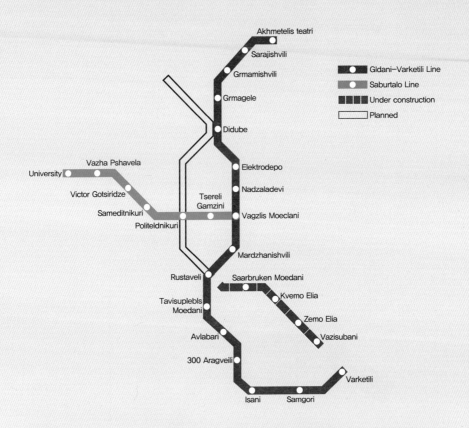

Akhmetelis teatri
Sarajishvili
Grmamishvili
Grmagele
Didube

Vazha Pshavela
University
Victor Gotsiridze
Sameditnikuri
Politeldnikuri

Tsereli Gamzini

Elektrodepo
Nadzaladevi
Vagzlis Moeclani

Mardzhanishvili

Rustaveli
Saarbruken Moedani
Kvemo Elia
Tavisuplebls Moedani
Zemo Elia
Avlabari
Vazisubani
300 Aragveili
Varketili
Isani   Samgori

● Gldani–Varketili Line
● Saburtalo Line
■■■■ Under construction
☐ Planned

트빌리시의 가장 중요한 볼거리 BEST 6

메테히 교회(Metekhi Church)

트빌리시에서 온천 다음으로 오랜 역사를 지닌 것이 교회일 것이다. 천 년이 넘은 성당이 여러 개이지만 특히 절벽에 절묘하게 자리를 잡은 메테히 교회Metekhi Church가 눈에 들어온다. 5세기에 교회로 지어졌으나 13세기에 완공된 중세 성당이다. 17~18세기 이슬람에 의해 요새로 사용됐고, 구소련 시절엔 감옥으로 쓰여 스탈린이 투옥되기도 했다. 1980년대 말 조지아 총대주교가 교회 복구 운동을 벌인 끝에 비로소 조지아 정교회 역할을 되찾았다. 오래도록 같은 자리를 지키며 아픈 역사의 단면을 보여준다.

사제의 축복과 허락을 받고 교회 안으로 들어간다. 중세성당에서 흔히 볼 수 있는 화려한 장식이 없는 소박한 성당이다. 이들의 의식을 지켜보는 것만으로 경건함이 느껴진다. 트빌리시를 한눈에 담고 싶다면 가장 좋은 장소일 것이다. 탁 트인 전망을 바라보며 메테히 교회Metekhi Church에 얽힌 이야기를 생각해보자.

위치_ Avlabari역

> **조지아 정교회**
>
> 조지아는 로마 가톨릭이 아닌 정교회를 신봉한다. 성화 아이콘에 경배를 드리고 성모를 긋는 방식도 약간 다르고 미사를 드릴 때 앉지 않는 것이 기본적으로 다르다. 조지아 기독교 역사는 세계에서도 오래되었다. 아르메니아와 로마에 이어 기독교를 국교로 채택한 초기 기독교 국가이다. 오늘날에도 조지아에서 기독교가 자연스런 삶의 일부이다.

바흐탕 고르가살리 왕의 기마상
(Monument of King Vakhtang Gorgasali)

메테히 성당 앞에는 트빌리시로 수도를 천도한 바흐탕 고르가살리 왕King Vakhtang Gorgasali의 기마상이 위풍당당하게 서 있다. 전설에 따르면, 고르가살리 왕King Vakhtang Gorgasali이 매와 함께 꿩 사냥에 나섰는데 꿩을 쫓던 매와 쫓기던 꿩이 숲속 뜨거운 연못에 떨어져 죽었다. 그 모습을 본 왕이 숲의 나무를 모두 베어버리고 도시를 세우라고 명했다. 그 숲이 지금의 트빌리시고, 뜨거운 연못은 메테히 교회 건너편의 유황 온천이다. 트빌리시는 조지아어로 '뜨거운 곳'이라는 뜻을 품고 있다.

위치_ Avlabari역 전화_ +995-599-98-88-15

나리칼라 요새(Narikala Fortress)

깎아지른 바위산에 요새를 구축한 철옹성이지만 요새의 주인은 여러 차례 바뀌었다. 4세기경 페르시아가 처음 짓기 시작한 이 요새는 8세기에 아랍족장의 왕국이 들어서며 현재의 모양으로 완성되었다. 적의 침입을 알 수 있도록 쿠라Kura강까지 쉽게 조망할 수 있는 곳에 만든 요새이다. 케이블카를 타고 올라가면 트빌리시 시내가 다 보이는 곳으로 관광객과 현지인이 뒤섞여 붐빈다. 산책로를 따라 뒤로 이동하면 식물원이 있다.

온천 옆 오르막길을 따라 오르면 '어머니의 요새'라 불리는 나리칼라Narikala에 닿는다. 나리칼라는 도시가 형성될 무렵 방어를 목적으로 지어진 고대 유적인데, 7~8세기에 아랍인들이 그 안에 궁과 사원을 세워 그 규모가 더 커졌다.

감상법

보다 편하게 풍경을 감상하며 요새에 오르려면 므크라비 강변에서 케이블카를 타면 된다. 요새에서 트빌리시의 전경이 파노라마처럼 펼쳐진다. 므크바리 강이 도시의 한가운데를 지나며 절벽을 빚어놓았다. 시대 최고의 장인이 건축한 교회가 두드러지게 빛난다.

나리칼라 요새(Narikala Fortress)에서 바라본 트빌리시 전망

베트레미 거리Betlemi Street의 끝에 도달하면 나리칼라 요새Narikala Fortress쪽으로 가파른 경사
가 보인다. 페르시아가 트빌리시를 다스리던 4세기에 축조된 요새는 도시의 구시가지를
내려다보고 있다. 나리칼라 요새의 벽을 걸을 수 있지만 울타리가 없으므로 조심해야 한
다. 도시가 내려다 보이는 조지아의 어머니상Kartlis Deda를 향해 걸어갈 수 있다. 동상은 조지
아 사람들의 성격과 환대를 나타낸다.

시오니 교회(Sioni Cathedral Church)

성녀 니노^{St. Nino}의 포도나무 십자가가 보관되어 있는 곳으로 트빌리시의 올드 타운 안에 있는 랜드마크로 유명한 교회이다. 니노^{Nino}의 십자가는 ㅣ 니노^{Nino}의 미리가릭과 포노넝쿨이 잉겨서 십자가가 되었다. 조지아에 기독교를 전파한 성 니노^{St. Nino}이다. 가장 오래된 교회보다 사람들이 더 많다. 조지아정교 교회라 분위기도 더 엄숙하다. 촛불을 밝혔다. 사람들은 엎드려 기도하기도 한다.

시오니 대성당은 최초 건립 이후 외세의 침략에 의한 파괴로 13세기부터 19세기까지 재건이 거듭되었다. 시온(Sion)은 일반적으로 예루살렘의 시온산^{Sion Mt.}을 뜻하지만, 시오니 대성당은 트빌리시의 '시오니 쿠차^{Sioni Kucha}'라는 거리명에서 유래했다. 제단 왼쪽, 성 니노^{St. Nino}의 포도나무십자가로 유명한 성당이다. 전설에 의하면 4세기 초 꿈속에서 성모마리아로부터 "조지아에 가서 기독교를 전파하라"는 계시를 받은 성녀 '니노^{St. Nino}'가 시오니 대성당 십자가에 자신의 머리카락을 묶었다고 한다.

평화 의 다리(The Bridge of Peace)

활 모양의 보행자다리로 철과 유리로 된 구조물이다. 트빌리시 시내의 쿠라Kura 강 위에 수많은 LED로 조명된 다리는 저녁에 되면 다양한 모습을 보여준다. 활 모양의 다리는 구시가지와 새롭게 조성된 지구를 연결해주고 있다. 과거와 현재의 트빌리시를 보여주고 있다고 해도 과언이 아니다. 다리는 건설되면서 새롭게 적용된 강철과 유리로 다리를 만든다는 논란의 여지가 있었다. 정치인, 건축가, 도시 계획가 등 많은 사람들은 다리가 역사적인 구시가지를 가리고 있다고 불만이었다고 한다.

구라 강Kura River 위로 150m로 뻗어 있는 다리는 구 트빌리시Old Tbilisi와 새로운 지역을 연결하는 현대적인 디자인 특징을 만들도록 지침이 내려지면서 시작되었다. 다리위치는 쿠라 강을 뻗어 있는 메테히Metekhi 교회, 도시의 설립자인 동상 바흐탕 고르가살리Vakhtang Gorgasali 왕 보고, 나리칼라Narikala 요새, 바라타흐빌리Baratashvili 다리를 볼 수 있는 중간 부분이다.

해양 동물을 연상시키는 디자인의 다리는 곡선형으로 강철과 유리 상판으로 야간에는 수천 개의 백색 LED로 반짝거린다. 이 지붕에는 4,200K 색 온도의 6,040개의 고출력 LED를 사용하여 다양한 다리를 보여주고 있다. 파워 글래스powerglass라는 선형 저 전력 LED가 내장되어 있다고 한다. 조명은 일몰 90분 전에 아래에서 구라 강을 비추고 강둑에 건물을 비춘다.

이탈리아 건축가 미첼레 데 루치Michele De Lucchi에 의해 설계되었는데 , 그는 조지아 대통령 행정부 건물과 트빌리시 내무부 건물을 설계했다 . 조명 디자인은 프랑스 조명 디자이너 필리페 마르티나우드Philippe Martinaud에 의해 만들어졌다. 다리는 이탈리아에서 지어져 200대의 트럭으로 트빌리시로 운송되었다고 전해진다.

4가지 조명(일몰 전 90분 ~ 일출 후 90분)
1. 때때로 다리는 강의 한쪽에서 다른 쪽으로 파도에 불이 들어온다.
2. 한쪽 끝에서 빛의 띠로 시작하여 빛이 중간에서 만나기 전까지 어느 한 방향에서 계속되고 시작하기 전에 검은 색으로 바뀐다.
3. 지붕 라인의 외부 설비를 비추기 시작한 다음 완전히 어두워지기 전에 전체 캐노피를 잠시 비춘다.
4. 전체 다리 길이에 걸쳐 다른 조명이 밝고 희미해지므로 지붕이 별처럼 반짝 거린다.

유황 온천(sulfur hot spring)

등잔 밑이 어둡다고 바로 요새의 아래에는 둥근 지붕의 동네가 눈에 들어온다. 이곳은 트빌리시가 시작된 온천 동네이다. 돔 모양은 지하 온천 목욕탕이 한기구 지붕이디. 드빌리시의 이름이 "따뜻하다"에서 비롯되었는데 이 온천이 그 기원이라고 한다.

러시아 시인 푸쉬킨이 1829년 내 생애 최고의 유황온천으로 뽑았다고 한다. 온천으로 들어서자 계란의 썩은 냄새가 코를 자극한다. 유황온천이라는 사실을 빼면 우리나라의 목욕탕과 다른 것이 없다. 오히려 찜질방에 자리를 내준 오래된 목욕탕의 느낌이 정겹다. 이 온천은 땅에서 솟아 나오는 그대로 따뜻한 유황 온천물이라고 한다.

강 건너에는 볼록한 돔 모양 지붕의 유황 온천들이 성업 중이다. 계곡에서 발원한 천연 온천으로 유황과 미네랄 성분이 풍부한데, 조지아 돈으로 5라리이면 온천을 즐길 수 있다. 러시아 시인 푸시킨도 온천을 즐기고 갔다. 이를 증명하듯 한 온천의 간판에는 '세상에 이곳보다 좋은 온천은 없다'는 글귀와 푸시킨의 서명이 새겨져 있다. 온천 옆으로 흐르는 계곡을 따라 걷다 보면 폭포가 쏟아지는 협곡을 볼 수 있다. 협곡 위 아슬아슬하게 걸려 있는 오래된 집들도 볼거리다.

트빌리시의 스트리트 아트 갤러리

관광객이 꼭 찾아가는 트빌리시 볼거리

카페 거리(Shavteli Street)

카페거리로 많은 관광객들이 찾기 때문에 조지아에서 유명한 레스토랑들이 즐비해 있다. 특히 여름에는 더위에 지친 외국 관광객이 몰려들어 문전성시를 이룬다. 메테히 다리를 시작하는 지점의 골목으로 카페들이 골목길을 따라 이어진 지점이 카페 거리이다.

위치를 잘 모르겠다면 네모난 시계를 보고 시작지점을 확인할 수 있다. 혹자는 '여행자거리'라고 부르지만 여행자거리는 아니고 카페골목이라고 부르는 것이 더 맞을 것 같다. 카페 골목이 끝나는 지점에 타마다 동상이 나오므로 시작과 끝은 정확하게 알 수 있다.

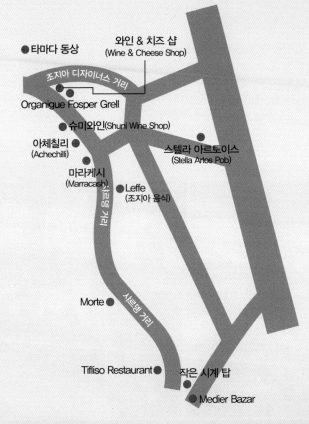

●타마다 동상

와인 & 치즈 샵
(Wine & Cheese Shop)

조지아 디자이너스 거리

Organigue Fosper Grell

슈미와인(Shuni Wine Shop)

아체칠리 ●
(Achechilli)

스텔라 아르토이스 ●
(Stella Artos Pob)

마라케시 ●
(Marracash)

● Leffe
(조지아 음식)

Morte ●

Tifliso Restaurant ●

작은 시계 탑

● Medier Bazar

벼룩시장

현지인들이 집에서 가지고 나온 오래된 골동품을 파는 시장으로 조지아 시장에서니 만날 수 있는 것들이 눈에 보이기도 한다. 주말미다 벼툭시장이 운영되는 나라가 많지만 조지아 에시는 매일 벼룩시장이 열린다. 그러나 역시 평일에는 손님은 별로 없다.

주말에는 더 많은 물건들이 보이고 다양한 사람들이 있으므로 주말에 찾는 것이 나을 것이다. 주로 낡은 러시아식 시계, 러시아 군용품과 군장, 유리 공예품 등이 주로 판매되고 있다. 특이하게 그림이 전시되어 있는 곳에서 잘 그려진 그림에 깜짝 놀란다.

위치_ Kvishketi Str 1a Tbilisi St.

벼룩시장은 정겨운 시장인가?

조지아의 트빌리시 시민들이 자신이 쓰던 물건이나 필요가 없는 물건 중에서 내다파는 것을 정겹게 느껴진다고 하지만 실제로 그들에게 물어보면 가난한 삶에 조금이라도 필요한 돈을 벌기 위해서 집에서 가져온 것이다. 그래서 오히려 그들의 힘든 삶에 대해 알 수 있다. 가난한 삶에 힘들지만 웃으면서 손님들을 맞는다.

트빌리시를 고대와 근, 현대로 나누어 느끼는 방법

고대 도시 트빌리시(Tbilisi) 탐험

트빌리시는 조지아의 수도로 1,500년 이상의 역사를 가지고 있다. 유럽에서 아시아로 향하는 전략적 이점 때문에 트빌리시는 다국적 국제도시의 전통이 혼합되어 있어서 다양한 매력을 만들어낸다. 전체적인 트빌리시의 모습을 보고 싶다면 케이블카를 타고 나리칼라 요새Narikhala Fortress로 올라가면 정상에서 도시의 전망을 감상 할 수 있다.

조지아의 수도는 고대부터 형성된 다문화 도시이다. 수수께끼 같은 동양의 모습과 우아한 서양, 이슬람의 건축물의 넘치는 조화가 매력적이다. 동양과 서양의 전통은 다른 문화를 형성하면서 트빌리시를 만들어왔다.

올드 타운Old Town에서 좁은 거리를 산책하고 종교적인 교회와 현지인들이 사는 건축을 살펴보면 초기의 고대에서 현대에 이르기까지 도시의 역사를 발견하게 된다. 여기에는 교회, 회교 사원을 비롯한 다양한 종교 건축물과 나무로 된 다양한 색상의 발코니가 있는 19세기 집을 보면 알 수 있다.

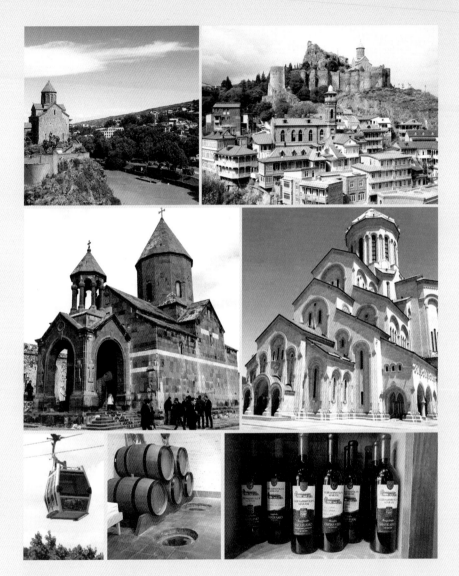

13세기에 지어진 메테히 교회Metekhi Church, 6∼7세기의 시오니 대성당, 6세기 안시 스카 티 교회Anchiskhati Church, 4세기의 나리칼라 요새Narikala Fortress 등 유명한 관광 명소를 찾아다니면 자연스럽게 역사적인 질문을 던지게 된다. 유황 온천과 지하 포도주 양조장을 직접 경험하면서 트빌리시의 오래된 전통을 생각해 보자.

근, 현대 트빌리시(Tbilisi) 탐험

자유 광장Freedom Square을 둘러보면 올드 타운의 모습과는 다른 느낌을 받는다. 루스타벨리 거리Rustaveli Avenue는 자유 광장Freedom Square에서 시작해 트빌리시에서 건축과 현재 트빌리시 시민들이 살고 있는 중심지로 거리에는 다양한 카페, 상점, 레스토랑과 다양한 거리 공연이 있다. 국회의사당 앞에서 많은 공공 시위를 하고 있지만 동시에 야외 전시회, 공연 등이 열리고 있어서 현재, 트빌리시를 이해할 수 있는 장소이다.

루스타벨리 거리Rustaveli Avenue에는 현대와 20세기 건축양식이 혼합된 아름다운 건물이 많다. 그 중에서 트빌리시 오페라 하우스와 루스타 벨리 극장이 인상적이다. 루스타벨리 거리Rustaveli Avenue의 첫 번째 건물은 조지아에서 가장 큰 영화관인 루스타벨리 시네마Rustaveli Cinema이다. 영화관 건너편에는 유스 팰리스와 조지아의 전 국회 의사당이 있다. 카슈베티 교회는 트빌리시 미술관과 미술관 사이에 있다.

올드타운
Old Town

레조 가브리아제
마리오네트 극장
Rezo Gabriadze Marionette Theatre

트빌리시 최초의 인형 극장으로 30년이
넘는 기간 동안 에든버러^{Edingburgh}, 뉴욕
New York, 토론토^{Toronto}, 드레스덴^{Dresden} 등
에서도 호평을 받았다. 극장에는 4개의
공연장과 80석의 관중석이 있는 작은 극

장이다. 극장은 에레클레 거리^{Erekle II Street}
쪽으로 평화의 다리^{Peace Bridge}를 건너 아
이오아네 샤브텔리 거리^{Ioane Shavteli Street}로
걸어가면 카페 옆으로 세워진 탑으로 더
욱 유명하다.
조각가, 작가, 극작가인 레조 가브라아제
Rezo Gabriadze가 손수 만든 시계탑에서 매
시간 작은 천사가 나와 망치로 종을 울리
는 꼭두각시 장면이 인상적이라 관광객
의 발길이 끊이지 않는다. 12, 19시에 작은
인형극을 볼 수 있다.

레바즈 가브리아제(Revaz Gabriadze)

레바즈 가브리아제(Revaz Gabriadze)는 극장가, 무대연출가, 화가, 조각가이자 조지아 최초의 인형극장을 오픈한 전설이다. 1936년생의 아티스트는 트빌리시의 유명한 시계탑을 만들어 관광객에게 유명해졌다.

리케 공원
Rike Park

메테히Metekhi 교회 옆에는 트빌리시의 중심에서 분수, 작은 수영장, 거대한 체스판 등 수십 개의 의자가 있는, 예술적으로 만들어진 매우 넓은 공원이 있다. 공원에서 가장 인상적인 곳은 케이블카와 가장 현대적인 평화의 다리이다. 에레클레 거리Erekle II Street와 공원을 연결하는 이탈리아의 건축가인 미첼 드 루치Michele De Lucchi가 유리와 강철로 설계한 보행자 다리는 2010년에 개장하였다. 므크바리Mtkvari 강의 왼쪽에 있는 평화의 다리The Bridge of Peace를 통해 올드 타운으로 접근하기 위해 이동하는 관광객이 많이 찾는다.

특히 여름에는 공원에서 조명이 켜질 때, 일몰 전에 90분 동안 켜진 수천 개의 LED 조명이 켜져 있고 강과 건물을 밝힐 때 아름답다. 공원에서 관광객은 케이블카로 나리칼라 요새 까지 이동하는 주요 여행코스로 활용된다. 케이블카의 바닥도 유리로 되어있어 모든 것을 볼 수 있기 때문에 항상 붐빈다.

리케 공원Rike park은 커다란 말판이 있는 자이언트 체스Giant Chess, 그랜드 피아노Large White Grand Piano를 보고 직접 체험할 수 있어서 아이들에게 인기가 높다. 여름 밤에는 더위를 피해 아이들을 데리고 다니고 나와 놀이터에서 놀거나, 춤과 노래를 즐기기도 하고 폭포와 인공 등반 벽을 오르거나, 조경이 된 정원에서 즐길 수 있다. 공원 북쪽 끝에 있는 2개의 큰 금속 튜브는 미래의 콘서트홀과 전시장이다. 10월에 트빌리소바Tbilisoba 축제에서 조지아Georgia의 전통 요리를 맛볼 수 있어 인기가 높다.

국립 식물원
National Botanical Garden

나리칼라 요새^{Narikala Fortress}에서 북쪽을 보면 식물원으로 이어지는 계단이 있다. 발아래로 수목이 가득한 계곡이 펼쳐진다. 사브키시스 스칼리^{Tsavkisis Tskali} 계곡의 거의 전부가 트빌리시 식물원이다. 나리칼라 요새에서 보는 삼림은 대부분 거의 식물원이라는 사실이 놀랍기만 하다.

161ha에 달하는 식물원에는 4500여종이 넘는 각종 식물이 지역별로 분류되어 있다. 코카서스 지역의 수목과 화초 구역에는 멸종 위기에 처한 식물도 보호 관리하고 있다.

나리칼라 성에서 내려가거나, 올드 타운에서 솔롤라키 산기슭에 난 도로로 들어갈수 있다.

주소_ 12 Bambis Rigi Street
전화_ +995-272-11-85

간략한 식물원의 역사

1625년에 식물원이 조성될 때는 나리칼라 요새 옆에 세워져 '요새 정원'이라고 불리기도 했다고 한다. 왕립 정원으로 조성되어 약용 식물의 재배가 주목적이었다. 1845년 5월, 공식적으로 근대적인 식물원으로 전환되었다. 1888년, 러시아의 식물학자인 보로노프(Yuri Voronov)가 근대적인 식물원으로 개선작업을 하여 지금에 이르렀다.

트빌리시의 다양한 동상들

자유광장 & 루스타벨리
Freedom Square & Rustaveli

조지아의 수도 트빌리시는 도보 여행을 즐기는 사람들에게 이상적인 도시이다. 관광 명소는 대부분 모여 있기 때문에 걸어다니면서 즐기기에 좋은 도시인데 그 중심에 자유 광장Freedom Square과 루스타벨리 거리Rustaveli Avenue가 있다. 루스타벨리 거리Rustaveli Avenue는 자유 광장Freedom Square에서 시작해 루스타벨리 동상Rustaveli Statue에서 마무리된다.

자유 광장
Freedom Monument

자유 광장Freedom Square은 여행자가 반드시 기억하는 장소로 근처에는 다양한 숙소들이 모여 있고 관광안내소가 있다. 관광객을 대상으로 호객행위도 일어나고 길거리 공연도 다양하다. 트빌리시 워킹 투어가 시작되는 곳으로 여행자는 자유 광장에서 여행이 시작된다.

자유 광장Freedom Square은 항상 도시의 중심지로 많은 복구와 광장의 이름도 여러 번 변경을 거쳤다. 조지아가 러시아의 통치를 받았을 때 에리반 광장Erivan Square라고 불렸으며, 나중에 소련이 점령한 후에는 레닌 광장Lenin Square으로 이름이 바뀌기도 했다.

지금 자유 광장Freedom Square의 중심에는 조지아 국가의 독립을 위한 자유 기념비가 있다. 화강암과 금으로 만들어진 기념비는 높이가 35m이며, 기념비 가장 높은 위치에 있는 동상의 높이는 5.6m이다. 미국의 후원자인 세인트 조지St. George가 지원 하여 기념비가 건축되었다.

///

주소_ 1 Shota Rustaveli Ave

갤러리아 백화점
Galleria Tbillsi

2018년에 개점하여 대한민국에 있는 갤러리아 백화점과 연관이 있다고 생각할 수 있지만 아무 연관이 없는 갤러리아 백화점은 트빌리시에서 가장 화려한 백화점으로 알려져 있다. 특히 근처에는 고풍스러운 건물들이 즐비한 데 비해, 백화점은 현대적인 디자인이어서 관광객을 사로잡는다.

지하에 식품 코너가 없고 작은 마트와 상점이 있다. 지하에 미니소$^{Mini\,So}$가 있어서 한글로 된 제품도 볼 수 있다. 2, 3층에는 다양한 브랜드의 상점들이 입점해 있는 것을 볼 수 있다.

홈페이지_ www.galleria.ge
주소_ 2/4 Shota Rustaveli Ave
시간_ 10~22시
전화_ +995-322-50-0040

일리 카페(Illy Caffe)

올드 타운의 카페거리에서 마시는 커피보다 일리 카페에서 마시는 커피 맛이 대한민국의 관광객에게 더욱 맛있다고 느껴질 것이다. 일리만의 커피맛을 느낄 수 있어서 트빌리시의 많은 사람들도 찾고 있다. 게다가 백화점 안에 있지만 늦은 시간까지 문을 열기 때문에 상대적으로 즐길 수 있는 시간이 더 많다. 테라스로 가면 자유광장의 일부분과 루스타벨리 거리를 볼 수 있어서 테라스에는 항상 사람들이 테이블에서 오랫동안 이야기를 나누고 있다. 충전을 쉽게 할 수 있어서 트빌리시에서 저녁을 먹고 항상 찾는 곳이었다.

미니소(MINISO)

미니소MINISO는 베트남에서 최근에 한류를 이용해 한국기업처럼 한국의 화장품이나 가정용품을 팔고 있어서 문제가 되는 회사이다. 화장품, 문구류, 장난감 및 주방용품을 포함한 가정용품을 전문으로 하는 중국의 기업이다.

초기에는 일본의 디자이너와 중국 기업가가 2011년에 공동 창립하여 공동으로 지분을 소유하였으나, 현재는 중국 기업인 아이야야(Aiyaya)가 지분을 전부 인수하여 중국 기업이 되었다. 광저우시에 본사로 자리 잡고 미국, UAE, 베트남 등 전 세계에 약 1,600개의 매장을 개설했다. 얄미운 기업이기도 하지만 트빌리시에서는 생활용품이 필요하거나 화장품을 구입할 수 있어서 관광객들이 자주 찾는다.

야쿠자(Yakuja & 차이카나Chaikana)

트빌리시에서 최근에 상류층을 중심으로 일본과 중국의 음식을 먹는 문화가 조금씩 생겨나고 있다고 들었는데, 대한민국의 관광객이 찾아서 먹기에는 힘들다. 비틈도 '야쿠자'라는 거슬리는 레스토랑 이름에 꿀을 수로 비싸게 판매하고 있다. 중국음식을 파는 차이카나(Chaikana)도 상당히 짜서 우리의 입맛에는 맞지 않다.

루스타벨리 거리
Shota Rustaveli Avenue

루스타벨리 거리Rustaveli Avenue는 자유 광장Freedom Square에서 시작하여 약 1.5km에 이르는 거리로 이전에는 골로빈 거리 Golovin Street로 부르기도 했다. 중세 조지아의 시인 쇼타 루스타벨리Shota Rustaveli의 이름을 따서 지어진 트빌리시의 중심 도로이다. 자유광장Freedom Square에서 시작해 코스타바 거리Kostava Street로 약 1.5㎞ 정도로 이어진다. 루스타벨리Rustaveli는 종종 길을 따라 위치한 정부 공공기관, 박물관과 비즈니스 건물로 인해 트빌리시의 주요 도로로 생각된다.

구 조지아 의회 건물, 그루지야 국립 오페라 극장, 루스타벨리 국립 아카데미 극장, 조지아 과학 아카데미, 카슈베티 교회 , 미술 박물관, 빌트모어 호텔 트빌리시가 루스타벨리 거리Rustaveli에 있다. 또한 반정부 시위가 많이 열리는 장소여서 혼란스러운 거리일 때도 있다.

2007, 2011, 2019년 대규모의 시위가 벌어지기도 했다. 많은 관광객들은 루스타벨리 Rustaveli를 산책하면 건축물에서 고대보다 근, 현대 트빌리시의 일상을 관찰할 수 있고 다양한 상점과 시위장면을 보면서 현재의 트빌리시를 알 수 있다고 말한다.

트빌리시 지하철이나 버스를 타면 쉽게 루스타벨리 거리에 도착할 수 있다.

쇼파 루스타벨리

● Smart S마트

● 현대미술관

● 트빌리시 오페라 & 발레 극장

마그티(Magti) ●

● 메리어트 호텔

● 카슈리 조지아 교회

● 내셔널 갤러리

조지아 의회 ●

보론초브스 궁전
Vorontsov's Palace

자유광장

그리보예도브 극장
Griboydov Theatre ●

● 국립박물관

자유광장 지하철역 ●

갤러리아 백화점 ●

푸시킨
공원

자유광장

172

간략한 루스타벨리 거리의 역사

루스타벨리 거리Rustaveli Ave는 자동차가 지나가고 도로에는 거리 음악가의 노래 소리가 들리는 트빌리시를 느낄 수 있는 현대적인 거리이다. 이곳은 소를 방목하고 채소를 재배하며 과일 나무를 경작하던 곳이었다. 수많은 계곡과 도랑으로 인해 매력적인 곳은 아니었다.

첫 번째 건물은 코카서스에 러시아 황제의 부통령 궁전이 건축 된 후 보론초프M. Vorontsov가 부통령이 되었을 때, 건축 과정이 활발해지면서 궁전, 극장, 교회가 등장하기 시작했다. 멋진 건축 건물이 황무지를 채우기 시작하면서 처음에는 고로빈 거리Golovin Ave라는 이름이 지어졌다.

1863년에 도로가 포장되고, 도로를 따라 나무가 심어졌다. 20세기 초에 발전하면서 상점, 고급 호텔, 회사의 사무실이 들어오기 시작하고 사람들은 몰려들었다. 1918년 조지아 독립 선언 후 거리의 이름은 조지아 시인 쇼타 루스타벨리Shota Rustaveli의 이름을 따서 지어졌다.

현재, 루스타벨리 거리Rustaveli Ave에는 많은 박물관과 극장, 교회, 전 의회 건물 등이 있다. 그 외에도 번화가가 내려다보이는 유명한 브랜드의 부티크와 아늑한 카페가 길을 따라 있다. 갤러리아 백화점 앞의 거리에는 음악가들이 노래를 연주하고 공연을 펼친다.

루스타벨리의 다양한 동상들

쇼타 루스타벨리 동상
Shota Rustaveli Statue

트빌리시에서 가장 유명한 동상으로 사람들은 '트빌리시의 심장'에 있다고 한다. 시내에서 가장 사람들이 붐비는 거리에 동상이 위치해 그냥 지나칠 수 있다. 루스타벨리 거리Rustaveli Avenue의 마지막 부분인 루스타벨리Rustaveli 지하철역에서 팬터스 스킨Panter 's Skin에서 더 나이트The Knight 를 쓴 중세 시인인 쇼타 루스타벨리 Shota Rustaveli의 동상을 볼 수 있다.

루스타벨리Rustaveli Avenue는 도로 양 옆을 따라 중요한 건물이 있다. 자유 광장 Freedom Square에서 루스타벨리 거리를 따라 내려가면 트빌리시 주립 오페라와 발레 극장, 루스타벨리 극장, 국회의사당, 국립 미술관외에도 다양한 박물관을 볼 수 있다.

주소_ 12 Rustaveli Avenue

국립 박물관
Georgian National Museum

루스타벨리 거리에 있는 조지아의 대표
적인 박물관으로 원시부터 역사적인 조
지아의 유물이 전시되어 있다. 2004년에
새롭게 문을 연 국립 박물관은 국가의 문
화유산을 현재와 미래 세대에게 알리기
위해 박물관, 연구소, 도서관으로 분류해
확대시켰다.
유라시아에서 가장 오래된 인류 존재의
증거를 포함해 조지아의 예술품과 역사
적 유물을 전시하고 있다. 웅장한 중세 기
독교 예술, 고대의 금, 은 보석, 3~4세기
의 히브리어 비문이 있는 오래된 묘비는
고고학적 가치가 있다. 민족적인 유물과

함께 근대와 현대까지 이어진 다양한 유
물들이 전시되어 있다.

조지아 예술기의 그림과 농양, 서유럽, 러
시아의 장식 예술과 조각 작품, 유대인 컬
렉션까지 다양하다. 드레스, 직물, 액세서
리, 부적, 오래된 사진이나 책으로 구성되
어 역사, 문화, 민족학, 전통 유대인의 일
상생활을 알 수 있도록 전시해 놓았다.
샬롬 코보쇼빌리Shalom Koboshvili(1876–1941)
와 화가 다비드 그벨레시아니David Gvelesiani
(1890~1949)가 가장 유명한 화가이다. 그
림으로 옛 조지아와 유대인의 삶을 묘사
해 놓았다.

주소_ 3 Rustaveli Avenue
시간_ 10~18시(월요일 휴관)
전화_ +995-32-299-80-22

성 조지 교회
St. George's Church

국회의사당 건물 건 너편에 있는 성 조지 교회St. George 's Church 는 1910년에 낡고 부 서진 교회의 기초 위 에 세워졌다. 오늘날 카슈베티Kashveti는 성 데이빗David의 돌

레오폴드 빌 펠트

격자에 정교하게 칠해진 제단으로 유명 하다. '카슈베티Kashveti Church'라고 부르기 도 하는 성 조지 교회St. George 's Church는 고 전적인 건축 기념물로 인정을 받고 있다. 6세기에 조지아에서 기독교를 전파하는 13명의 아시리아 교부 중 1명인 데이빗 자 레쟈David Gareja와 연관이 있다. 조지아에 도착한 후, 므츠헤타Mtskheta에서 먼저 교 리를 전파하고 전국으로 교리를 전파하 였다.

성 조지 교회St. George 's Church는 1753년에 아밀라크 바리가 기부하여 지어졌다. 그 러나 건축된 지 150년이 지나면서 상당히

파손되었고 19세기 말에 사람들은 새로운 교회를 세우기로 결정했다. 건축을 위한 돈은 부유한 사업가들이 기부해 시작되 었다. 건축은 6년 동안 지속되어 1910년에 끝났다. 건축가는 트빌리시의 독일이자 오랜 거주자 인 레오폴드 빌 펠트Leopold Bilfeldt였다. 1920년대에 소련 정부는 교회 를 폐쇄하고 파괴했다. 더불어 교회를 철 거할 계획도 세워졌지만 빌 펠트는 모스 크바의 한 친구에게 도움을 요청해 교회 철거를 취소시킬 수 있었다.

전설

한 여성이 다윗에게 다가가서 그녀에게 임 신을 했다고 비난했다. 다윗은 자신이 거 짓말쟁이이며 돌을 낳을 것이라고 예언했 다. 그녀는 정말로 그 날에 돌을 낳았다. 결국 다윗이 전파한 교회의 이름은 "kva" (돌)와 "shva"(출생)로 카슈베티로 바뀌었다. 데이빗(David)은 나중에트빌리시(Tbilisi)를 떠나 데이빗 가레쟈(David Gareja)에서 수도 원을 세웠다.

멜리크-아자르얀츠 하우스
Melik-Azaryants hOUSE

건축가 니콜라이 오보론스키|Nikolay Obolonskiy 가 지어 트빌리시의 상징이 된 멜리크-아자르얀츠Melik-Azaryants의 집은 1912~1915년에 지어졌다.

인상적인 크기뿐만 아니라 화려한 건축물로 유명하다. 집 안에는 자체 전원 공급 장치, 수도관, 난방 장치뿐만 아니라 영화관과 시진, 가페 등 낭시 사람들이 꿈꾸었던 많은 편의시설이 있다. 미술관과 이국적인 식물로 가득한 정원도 집 안에 있다. 1, 2층은 광택이 없는 석재로 장식되어 있다.

알렉산드르 멜릭-아자르얀츠(Aleksandr Melik-Azaryants)

조지아 최초, 길드의 상인으로 유명한 알렉산드르 멜릭-아자르얀츠(Aleksandr Melik-Azaryants)는 관대한 성격으로 유명하고 부유했다. 그가 병원, 학교, 교회 건설에 자금을 지원하던 시기에, 그의 사랑하는 딸 타쿠이(Takui)는 22세의 나이로 사망했다. 딸을 기리기 위해 트빌리시 중심에 위치한 호화로운 집을 짓기 시작했다. 딸이 춥지 않고 따뜻하게 지낼 수 있도록 만든 건물은 건물로 둘러싸인 깊은 하부 구조물로 건축되었다. 건물 모서리의 상층에 있는 창틀에는 딸을 향한 눈물 방울형태로 표현되었다.

현대 미술 박물관
Georgian Fine Arts Museum

인상적인 회색 석조 건물의 국립 현대 미술관Georgian Fine Arts Museum은 조지아 국립 박물관의 일부로 사용되다가 분리되었다. 박물관에는 조지 왕조예술의 걸작품을 수집하여 전시하고 있다. 조지아 예술가인 니코 피로스마니Niko Pirosmani의 가장 큰 그림이 특히 유명하다.
8~13세기의 중세 동전과 8~12세기의 칠보 에나멜이 큰 전시관에 있다. 중국과 일본의 작품, 이집트, 인도, 이란 예술 기념물, 인도, 터키, 이란의 목도리, 페르시아 카펫 등 유럽 컬렉션이 전시되어 있다. 러시아 예술가인 레핀Repin, 수리코브Surikov, 세로브Serov, 아야바조브스키Ayvazovsky, 바스네쵸브Vasnetsov의 그림과 조지아 예술가인 니코 피로스마니Niko Pirosmani의 가장 큰 그림이 전시되어 있다.

시간_ 10~20시(월요일)

간략한 미술관 역사

1920년에 개장하여 1932년에 미술관으로 개편되었다. 1933년에 메테히 성당으로 옮겨지기도 했다. 1945년에 미술관은 1921년 러시아 내전 직전에 프랑스로 가져간 수많은 소장품을 다시 받아 재개장하였다. 이후 전시할 품목이 늘어나면서 1950년에는 새로운 건물이 필요하게 되었다. 1838년에 지어진 신학교를 박물관으로 대체하여 사용하기도 했다. 2004년, 현재 위치에 옮겨왔다.

가장 귀중한 전시물

타마라 여왕(Tamara Queen)의 '황금 십자가'로 에메랄드, 루비와 진주로 장식된 비문과 바그라트 Bagrat 컵도 금으로 만들어져 있다. 특히 주목할 가치가있는 것은 17세기 터키에서 조지아로 가져온 안치(Anchi) 아이콘이다. 이 아이콘은 안치스카티 교회(Anchiskhati Church)에서 사용되었지만 1920년에 다시 가져왔다.

현지인이 추천하는 트빌리시 eating

트빌리시에는 많은 레스토랑이 많다. 그래서 레스토랑을 선정하기기 힘들고 조시아 전통음식은 짠 음식이 많아 조지아 사람들은 좋아하지만 대한민국의 관광객은 좋아하기가 힘든 음식도 많으므로 선택에 신중을 기했다. 그러던 중에 '카트리나'를 만나 트빌리시의 레트로랑에 대해 알 수 있었다. 그녀는 한류에 빠져 동양인은 다 한국인일거라고 생각할 정도로 관심이 많다. 단순히 사람들이 많이 찾는 곳보다 의미가 있고 추억에 남을 수 있는 레스토랑을 하루 정도 생각한 끝에 알려주었다. 그녀는 트빌리시에서 누구나 좋아할 수 있는 레스토랑을 추천해 주었다고 말했다.

푸니쿨라 콤플렉스(Funicular Complex)

푸니쿨라 레스토랑은 조지아 역사와 훌륭한 요리를 동시에 알 수 있는 좋은 장소이다. 웅장한 구조는 트빌리시Tbilisi 위의 케이블카, 꼭대기에 있는 므타츠민다 산Mt. Mtatsminda(Holy Mountain) 꼭대기에 있다. 음식 가격이 비싸다는 단점이 있지만 조지아 요리인 하차푸리Kachapuri, 쉬크메룰리Shikmeruli 치킨, 힝칼리Khinkhali 등 조지아 음식도 짜지 않고 다양한 나라의 관광객의 입맛에 맞다고 한다.

주소_ Mt. Mtatsminda, 0114 Tbilisi **시간_** 13~24시 **전화_** +995-577-74-44 00

찌스크빌리(Tsiskvili)

'찌스크빌리ᵀˢⁱˢᵏᵛⁱˡⁱ'라는 이름 그대로 물레방앗간이 있던 장소에 만들어진 레스토랑이다. 1988년 전통공연장으로 문을 열었다가 2002년부터 레스토랑으로 운영되고 있다. 므크바리 강변에 위치한 많은 고급 레스토랑 중에서도 분위기, 음식, 서비스, 전통 공연 등 모든 면에서 최고라는 찬사를 듣는 곳이다. 실제로 트빌리시 최고의 레스토랑으로 여러 경연대회에서 수상을 한 곳이다. 다른 곳에서는 맛볼 수 없었던 내장으로 속을 채운 소시지나 족발 요리 등도 입맛에 잘 맞는다.

찌스크빌리는 부지가 넓어서 야외에서 식사를 할 수 있는 정원과 100명을 수용할 수 있는 2층 공간의 레스토랑, 그리고 대형 연회장과 8개의 독립된 방으로 구성되어 있다. 조경에 신경을 많이 쓴 정원과 강으로 흘러내리는 폭포수, 승강기를 대신하는 미니 푸니쿨라 등도 운영하고 있으며 방앗간 시절 사용했던 소품들도 전시하고 있다. 드레스 코드가 있으니 지나친 캐주얼 차림은 피하는 것이 좋다.

조지아 전통 공연

찌스크빌리에서 처음 접한 조지아 전통 댄스는 힘이 넘쳤다. 토슈즈가 없어도 여자들은 발레보다 우아한 동작을 선보였고, 남자들의 회전동작은 빠르면서도 정확했다. 고대부터 전해진 조지아 폴리포니Polyphony는 유네스코 인류무형문화유산으로 지정됐다. 조지아 인들은 일할 때 뿐 아니라 질병을 치료할 때도 민요를 부른다고 알려주었다.

홈페이지_ www.info-tbilisi.com/tsiskvili **시간_** 13~24시 **전화_** +995-32-253-07-97

바르바레스탄 레스토랑(Barbarestan)

19세기 조지아 요리법을 복원한 레스토랑은 우연히 벼룩시장에서 발견한 요리책 한 권에서 시작됐다. 19세기에 '바바레 조르자제^{Barbare Jorjadze}'라는 귀족 가문의 여성이 작성한 책을 바탕으로 복원한 조지안 전통 요리들을 테이블에서 만날 수 있다.

요리법뿐 아니라 '끓인 버터'처럼 일반적으로 사용되지 않는 재료들까지 수소문해 어렵게 구하는 일을 마다하지 않는다. 최근에 문을 열었지만 정통 조지아 요리를 맛볼 수 있는 고급 레스토랑으로 이미 입소문이 났다. 어려운 작업을 해내고 있는 셰프 레빈^{Levan Kokiashvili}씨는 조지아를 대표하는 요리사로 한국의 요리행사에 초청받기도 했다고 한다. 식사 공간으로도 사용되는 지하의 꺄브에는 소량만 생산되어 조지아 내에서도 구하기 어려운 프리미엄 와인들이 전시되어 있고, 구입도 할 수 있다.

주소_ D. Aghmashenebeli Ave, 132, Tbilisi 0112 시간_ 12~23시 전화_ +995-322-94-37-79

브레드하우스(Bread House Tbilisi)

올드 타운에서 므크바리 강 너머 메테히 교회를 바라보며 조지아의 전통음식을 맛볼 수 있는 레스토랑이다. 2층의 벽돌 건물 내부에는 격식 있는 모임을 위한 단체석이 있으며 저녁에는 야외 좌석에서 와인을 즐기기에도 좋다. '브레드하우스Bread House'라는 이름답게 화덕에서 직접 빵을 구워 내는 과정도 볼 수 있다.

주소_ 7 Gorgasali st. Tbilisi Georgia   **시간_** 13~20시   **전화_** +995-32-30-30-30

144 계단 카페
144 Stairs Cafe

올드타운에서 가장 전망이 좋은 위치에 있는 카페로 144 계단을 올라가야만 하지만 올라가면 트빌리시 시내를 보면서 식사를 할 수 있으므로 항상 관광객이 찾는 곳이다. 내부 인테리어는 트빌리시를 나타내는 로컬 분위기에 테라스에는 소품들과 함께 조지아를 느낄 수 있다.

음식 값은 비싸지만 조지아 음식보다 샐러드나 스파게티, 피자 등의 메뉴가 있다. 조지아 와인과 함께 피자를 함께 먹는 것을 추천한다. 음식보다는 와인과 함께 보는 아름다운 전망이 압권이다.

//

주소_ 27 Betlemi St.
시간_ 12~새벽 3시
요금_ 피자 20라리~
전화_ +995-596-44-41-44

아트 카페 홈
Art-Cafe HOME

오후 5시부터 현지 젊은이들과 관광객이 자리를 차지하면서 아름다운 트빌리시의 야경을 보면서 식사를 할 수 있다. 만약에 관광객이 많다면 레스토랑의 분위기가 나오고, 현지 젊은이들이 많으면 바Bar 분위기로 왁자지껄하다.
밤으로 갈수록 클럽으로 바뀌면서 루프탑의 조명 아래에서 야경을 즐기면서 흥겹게 지낼 수 있다.

주소_ 13 Betlemi St.
시간_ 17~새벽 2시
요금_ 맥주 5라리~
전화_ +995–599–70–80–79

카페 레이라
Cafe Leila

시계탑 근처에 있는 카페 거리에는 예쁜 카페를 보면서 찾게 되는 대표적인 곳이다. 입구에 담쟁이덩굴과 꽃들이 카페를 둘러싸고 있다. 연인들과 관광객이 앉아서 즐기는 모습을 볼 수 있다.

전형적인 조지아를 나타내는 내부 인테리어는 조지아 음식을 주문하여 먹게 된다. 그러나 전형적인 짠맛이 나타나는 조지아 음식이 아닌 퓨전 조지아음식이라서 부담스럽지 않게 먹을 수 있다. 특히 비건을 위한 샐러드와 수프는 더욱 관광객을 끌어들이고 있다. 식사시간이 아니면 다양한 음료를 마시면서 피로를 풀 수 있어서 쉬어갈 수 있다.

주소_ 18 loane Shavteli St.
시간_ 12~새벽 2시(일요일은 24시까지)
요금_ 아메리카노 5라리, 샐러드 15라리~
전화_ +995-555-94-94-20

자스퍼 바
Organique Josper Bar

정통 스테이크를 맛볼 수 있는 맛집으로 셰프는 자부심으로 가득하여 식사를 하면서 손님이 음식을 먹는 것을 보면서 흐뭇하게 먹는 것을 좋아한다. 하지만 주말이나 여름 성수기가 아니면 손님은 많지 않다. 가격이 트빌리시에서는 상당히 비싸기 때문에 티본T-BONE 스테이크를 주문하고 맥주와 샐러드를 주문하면 60라리 이상의 음식값이 나온다.

12시 30분~16시까지 제공되는 비즈니스 런치 메뉴는 여름시즌을 제외한 가을부터 가능하다. 2명이 스테이크를 주문한다면 사이드디쉬Side-Dish를 추가로 7라리로 주문하면 푸짐하게 구운 감자, 토마토 등을 같이 먹을 수 있어서 추천한다.

홈페이지_ organique-josper-bar.business.site
주소_ 12 Bambis Rigi St.
시간_ 11~23시
전화_ +995-593-73-50-83

카페 플라워스
Cafe Flowers

카페 거리 건너편으로 므크바리 강을 넘어가면 리케 공원 절벽 위에 큰 카페가 보인다. 올드타운과는 다른 조망을 볼 수 있는 카페에는 관광객이 항상 자리를 차지하고 있다.
샐러드, 피자, 파스타 등의 이탈리아 음식을 주문하여 조지아 음식에 물렸다면 추천한다. 창가와 테라스에서 보는 리케 공원의 풍경을 한눈에 보면서 일몰을 느낄 수 있어서 분위기있는 저녁식사를 원하는 이에게 추천한다.

홈페이지_ www.cafeflowers.info-tbilisi.com
주소_ 1 D. Megreli St.
시간_ 12~새벽 1시
요금_ 피자 20라리~
전화_ +995-322-74-75-11

엔트리
Entree

대한민국의 파리바게뜨 같은 베이커리 전문 매장이다. 특히 아침에 빵을 굽는 냄새와 함께 샌드위치 등을 커피와 함께 먹는 장면을 보게 된다. 각종 크로와상이 메뉴에 많아서 마치 파리에 있는 듯한 느낌이 들 수도 있다. 11시까지 아침 세트 메뉴를 할인하므로 11시 전에 여유롭게 하루를 시작하는 느낌은 기분좋게 만든다.

홈페이지_ www.entree.ge
주소_ Kote Afkhazi St. 47
시간_ 8~20시
요금_ 샌드위치 7라리~
전화_ +995-599-09-56-70

푸르푸르
Pur Pur

조지아 전통 분위기에서 식사를 하고 싶은 관광객이 주로 찾는 레스토랑이다. 올드 타운의 옛 분위기를 느끼고 싶다면 추천한다. 주변에는 다 같은 낡은 건물에 간판도 잘 보이지 않아서 찾아가기가 쉽지 않다.
정통 조지아 음식을 표방해서 짠 맛을 내는 하차푸리는 추천하지 않는다. 힝칼리나 대중적인 메뉴를 선택하는 것이 더 좋을 것이다. 유럽의 관광객이 SNS를 통해 알려진 레스토랑이라 저녁에는 항상 사람들로 북적인다.

홈페이지_ www.purpur.ge
주소_ 1 Abo Tbilisi St.
시간_ 12~새벽 2시
전화_ +995-322-47-77-76

Tbilisi Around

트빌리시 근교

트빌리시 근교 중 트빌리시에서 약 30km 정도 떨어진 곳으로 가장 유명한 장소는 므츠헤타Mtskheta이다. 북쪽으로 이어진 3번 도로는 카즈베기까지 이어져 있는데 가장 가까이 있는 곳으로 스베티츠호벨리 교회와 강 건너편에 있는 츠바리 교회가 유명하다.

므츠헤타 왼쪽으로 도로를 따라 가면 스탈린의 고향인 고리Gori가 나온다. 스탈린 박물관을 볼 수 있는 곳으로 고소공포증이 있는 스탈린이 이용한 기차의 내부도 볼 수 있다.

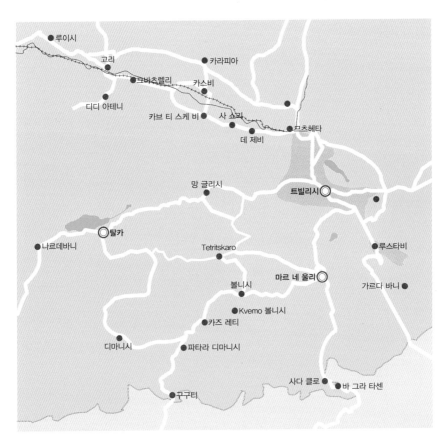

Mtskheta

므츠헤타

Mtskheta
므 츠 헤 타

므츠헤타Mtskheta는 매우 조용한 도시로 3개의 강줄기가 합쳐지는 부분에 므츠헤타Mtskheta가 자리잡고 있다. 아라그비Aragvi 강과 므크바리Mtkvari 강이 어우러져 흐르는 강물 소리조차 귀에 거슬릴 정도로 고요한 마을이다. 살아가는 사람들도 보면 수도원 같다.

므츠헤타 IN

트빌리시에서 북쪽으로 약 30㎞를 달리면 조지아의 옛 수도인 므츠헤타^{Mtskheta}가 나온다.

차를 타고 트빌리시에서 북쪽으로 20㎞정도 가면 된다. 산 정상에 있어서 안 갔는데 가보니 산길을 돌아 완만하게 올라간다. 주차장에 차를 세우고 내려 보니 므츠헤타^{Mtskheta}가 강 건너 보인다.

트빌리시^{Tbilisi}에서 수도원까지 택시비용은 약 20라리(Gel)이다. 트빌리시^{Tbilisi}에서  므츠 케타^{Mtskheta}에 가려면 디두베^{Didube}버스정류장으로 가서 마르쉬루트카^{Marshrutka}를 타고 이동하면 된다.

(비용 1 라리(Gel)

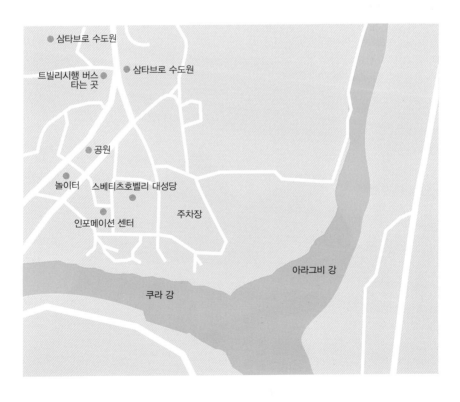

● 삼타브로 수도원

트빌리시행 버스 ● ● 삼타브로 수도원
타는 곳

● 공원

놀이터 ● 스베티츠호벨리 대성당

● 주차장
인포메이션 센터

아라그비 강

쿠라 강

스베티츠호벨리 성당
Svetitskhoveli Cathedral

동방 정교회의 성당의 역사적인 마을에 위치한 조지아 수도인 트빌리시의 북서쪽에 있다. 중세 초기의 걸작인 스베티츠호벨리Svetitskhoveli는 유네스코에 의해 세계 문화유산으로 지정되었다.

현재 성 삼위 일체 대성당 다음으로 조지아에서 2번째로 큰 교회 건물이다. 교회는 4세기에 카르틀리(이베리아)의 마리안 3세에 의해 세워졌다. 성녀 니노St. Nino는 최초의 조지 왕조교회의 장소로 므크바리Mtkvari(쿠라)강과 아그라비 강의 합류점을 선택했다.

예수의 외투가 매장된 것으로 알려진 스베티츠호벨리Svetitskhoveli는 오랫동안 조지아 정교회의 주요 교회로 가장 존경받는 예배 장소이다. 4세기에 건축되었지만 지금의 모습은 1029년 중세 조지 왕조의 건축가인 아르수키스드제Arsukisdze에 의해 완성되었다. 다만 소련의 통치시절에 귀중한 프레스코화가 사라져 지금에 이르렀다.

조지아 역사서, 예수 그리스도 죽음의 기록

기원 후 1세기에 예수가 십자가에 못 박히셨을 때 '엘리아스'라는 므츠헤타 출신의 조지아 유대인이 예루살렘에 있었다. 엘리아스는 골고다에 있는 로마 군인에게서 예수의 옷을 사서 조지아로 가져왔다. 그의 고향으로 돌아온 그는 누이인 시도니아와 만났는데, 그는 옷을 만지자마자 신성한 물건에 의해 생기는 감정으로 죽었다. 그녀의 손아귀에서 옷을 벗을 수 없었으므로 그녀는 그 옷을 같이 묻었다.

시도니아가 그리스도 의 옷으로 묻힌 곳은 성당에 보존되어 있다. 나중에 그녀의 무덤에서 거대한 삼나무가 자랐다. 성녀 니노(St. Nino)는 교회를 세우기 위해 다진 삼나무를 주문하여 교회 기초를 위해 7개의 기둥을 만들었다. 그러나 7번째 기둥은 마법의 속성을 가지고 공기가 자체로 상승했다. 성녀 니노(St. Nino)가 밤새 기도를 한 후에 돌아 왔다. 이곳에는 모든 질병의 사람들을 치료하는 성스러운 액체가 흘러 나갔다고 한다.

조지아어에서 베티(Veti)는 '기둥'을 의미하고 츠호벨리(tskhoveli)는 '생명을 주는 또는 '생활'이라는 뜻으로 성당이름을 따왔다. 성녀 니노의 십자가는 앞뜰에 있다. 마리안 왕과 그의 아내 나나 여왕은 오른쪽과 왼쪽에 있다. 조지아는 공식적으로 337년에 3번째로 기독교를 국가 종교로 채택했다.

성당의 느낌은?

예수님의 성소가 묻혀있다는 곳으로 므크바리(Mtkvari) 강과 아라그비(Aragvi) 강의 합류 지점까지 가야 한다. 천사가 기둥을 옮겨서 교회를 지을 만큼 경치가 아름다운 곳에 스베티츠호벨리 교회가 있다. 멀리서 바라보는 기분이 새롭다. 츠바리 교회와 함께 조지아기독교의 성지라 한다. 두 교회가 강을 사이에 두고 서로 바라보고 있다.

교회 안에 들어가서 촛불을 밝히고 돌아보면 열심히 기도를 드리는 것을 볼 수 있다. 조지아정교회 안에서는 서서 기도를 드린다. 십자가 앞에 입을 맞추거나 기둥에 머리를 대고 기도드리기도 한다. 햇살이 십자가위를 비추는데 성스럽다.

예수의 옷이 묻힌 것으로 알려진
시보 리움

성당 건축양식

성당은 침략에 의해 여러 번 손상되었다. 아랍, 페르시아, 티무르, 러시아의 정복과 소련의 통치기간 동안 건물은 침략과 지진에 의해 손상되었다. 1970~71년의 복원 과정에서 성녀 니노St. Nino의 원래 교회가 발견된 후 바르탕 고르가살리Vakhtang Gorgasali 왕이 5세기 후반에 지어진 대성당 건축의 유형이다.

현재 성당은 조지 1세 때 건축가 아르사키드제Arsakidze에 의해 조지아의 1010~1029년 사이에 지어졌다.

대성당은 1787년 에레클 2세의 통치 기간 동안 석조와 벽돌로 지어진 방어벽으로 둘러싸여 있다. 벽에서 성당 입구는 서쪽에 있다. 벽에는 8개의 탑이 있는데 그 중에서 6개는 원통형이고 2개는 정사각형이다.

즈바리 수도원
Jvari monastery

성녀 니노^{Nino}가 포도나무 십자가를 세운 자리에 지은 즈바리 수도원^{Jvari}은 수도인 트빌리시에서 약 1시간 정도 떨어진 곳에 위치해 있다. 즈바리 수도원^{Jvari Monastery}은 이베리아 왕국의 수도였던 므츠헤타 Mtskheta 마을이 내려다보이는 므크바리 Mtkvari 와 아그라비^{Aragvi} 강의 합류점에 있는 바위산 꼭대기에 서 있다. 그러므로 므츠헤타^{Mtskheta} 앞을 흐르는 강을 따라 한참을 산으로 올라야 한다.

6세기에 지어진 조지아 정교회의 수도원으로 유네스코 문화유산이다. 므츠헤타 ^{Mtskheta}의 다른 역사적 건축물과 함께 유네스코에 의해 세계 문화유산으로 등재 되었다. 4세기에 니노^{Nino}가 나무십자가를 세운 것을 중심으로 교회를 지은 것이다. 트빌리시의 오래된 교회들에서 성니노의 흔적을 많이 본다. 순례자들이 가장 신성시여기고 많이 방문하는 수도원이다.

큰 나무 십자가의 기적

4세기 초에 성녀 니노(Saint Nino)에서 이베리아의 미리안 3세 왕을 기독교로 개종시킨 것으로 알려신 여성 전도자는 이쿄노 사원부지에 큰 나무 십자가를 세웠다. 십자가는 기적을 일으킨 것으로 알려져 코카서스 전역에서 순례자를 환영했다. 그 이후로 즈바리(Jvari)의 작은 교회라고 불리는 545년경에 나무 십자가의 잔재 위에 작은 교회가 세워졌다.

즈바리 수도원의 시작

즈바리(Jvari)의 교회는 일반적으로 에리스므타바리 스테파오즈 I세(Erismtavari Stepanoz I)에 의해 590~605년 사이에 지어졌다. 교회의 주요 건축자인 스테파노스 (Stephanos the patricius), 데메트리우스(Demetrius), 히 파토스(Hetpatos), 아파 나세(Hadpatos), 아다 나제(Aarnase)와 같은 교회의 주요 건축자들을 새겨놓은 정면의 즈바리(Jvari) 비문에 있다.

즈바리 수도원의 방치

즈바리(Jvari) 수도원은 시간이 지남에 따라 증가하고 많은 순례자들을 끌어들였다. 중세 후반에는 수도원을 돌담과 문으로 두르고 경계를 강화했다.
그 유적들이 지금 남아 관광객들이 보는 것이다. 소련의 통치시대에, 교회는 다행히 국가 기념물로 보존했지만, 수도원 전체는 근처의 군사 기지에서 보안으로 보존되지 못하고 방치되었다.

유네스코 세계 문화유산 등재

즈바리(Jvari) 수도원은 시간이 지남에 따라 증가하고 많은 순례자들을 끌어들였다. 중세 후반에는 수도원을 돌담과 문으로 두르고 경계를 강화했다.

4개의 틈새가 있는 4개의 교회 건축양식

즈바리^{Jvari} 교회는 4개의 벽감이 있는 4개의 교회라고 할 수 있다. 돔 형태는 4개의 사이에는 중앙 공간에 개방된 원통형 틈새가 있으며, 정사각형 중앙 부분에서 돔으로의 이동은 3열의 기둥을 통해 이루어진다. 즈바리^{Jvari} 교회는 조지아 왕조건축의 발전에 큰 영향을 미쳤다.

헬레니즘과 사산왕조의 영향을 받은 다양한 옅은 조각은 외관을 장식하며 그중에 일부는 조지 왕조 아소타브룰리^{Asomtavruli}에 설명문이 남아 있다. 남부 파사드의 입구는 십자가의 영광을 안겨주는 장식과 이어진 파사드도 그리스도의 승천을 보여준다.

교회와 주변의 전경

즈바리(Jvari) 수도원 므츠헤타(Mtskheta)는 남쪽에서 볼 수 있다.

◀◀큰 나무 십자가
◀이콘과 천장의 돔

Gori

고리

Gori
고 리

보르조미Borjomi로 가는 길에 잠깐 들러야 하는 작은 도시가 고리Gori이다. 고리는 원래 조지아어로 '언덕'을 의미하는데, 마을의 이름은 부근에 지금도 남는 '고리사이'에서 유래한다. 다비트 4세(1089~1125년)에 의해서 도시가 건설 되었다.

소비에트연방의 공산당 서기장으로 국가원수였던 스탈린은 조지아 출신이며 고리Gori는 그의 고향이다. 1956년 스탈린의 후계자인 니키타 흐루쇼프가 스탈린 격하 운동을 전개했지만 스탈린 박물관이 문을 닫지는 않았다.
조지아가 소련으로부터 독립한 후 친 서방 정부는 과거 소련의 흔적을 제거하려는 모습을 보인 가운데 시대착오적으로 인식된 스탈린 박물관은 외국 관광객과 공산주의자들이 주로 찾았다고 한다. 반면 스탈린의 정책에 따라 강제 이주를 당한 체첸 인들은 스탈린에 대해 혹평한다.

2008년 러시아 군의 조지아, 고리 점령

조지아와 러시아가 5일간의 전쟁을 치르면서 러시아군은 고리를 점령했다. 8월 13일에 러시아군은 고리에 군대를 주둔하기 시작했다가 8월 14일에 고리에 주둔했던 러시아군은 다시 철군했다.

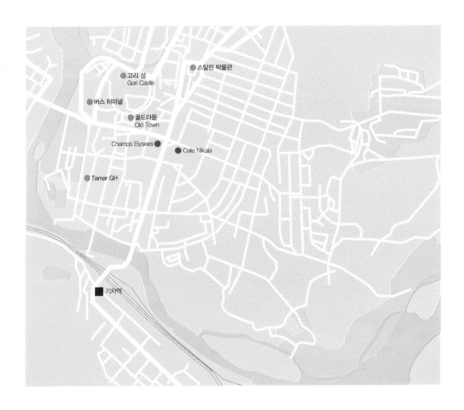

우플리스치해
Uplistsikhe

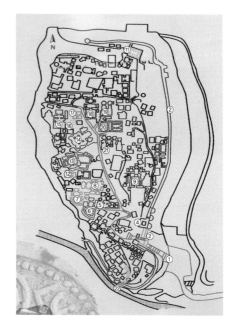

조지아에서 가장 매력적인 동굴도시인 우플리스치해Uplistsikhe의 고대 도시는 조지 전체에서 가장 오래된 도시 정착지로 기원전 200년까지 거슬러 올라간다. 유네스코 세계 문화유산에 포함된 것은 많은 깎아지른 암석구조물을 깎아 만들었기 때문이다.

좁은 골목길과 때로는 중앙 거리에서부터 다양한 계단이 있는 좁은 암석터널을 통해 출구와 연결된다. 우플리스치혜 Uplistsikhe를 탐험 한 후, 고리Gori의 조셉 스탈린 박물관Joseph Stalin's Museum을 방문하는 것이 시간을 절약하는 방법이다.

① 메인 도로	⑦ 산을 깎아 만든 홀	⑬ 타마르 홀	⑲ 레드 & 싱글 홀
② 요새 방벽	⑧ 장작 쌓아올린 홀	⑭ 바실리카	⑳ 프린스 처치
③ 그랜드 게이트	⑨ 위와 동일	⑮ 나이스 홀	㉑ 롱 홀
④ 메인 타워	⑩ 술 제작소	⑯ 싱글 홀	㉒ 터널
⑤ 라운드 홀	⑪ 와인 셀러	⑰ 큰 위협이 발생할 때 모이는 홀	
⑥ 무기고	⑫ 와인 프레스	⑱ 그랜드 홀	

감옥

기름을 흐르게 해 불 피우던 장소

프린스 처치

그랜드 홀

타마르 홀

조셉 스탈린 박물관
oseph Stalin's Museum

고리에서 태어난 소비에트 연방의 통치자인 스탈린은 1878년 조지아의 작은 마을인 고리에서 태어나 4년을 보냈다. 그가 죽은 1953년, 고리에 박물관이 문을 열었다. 역사박물관으로 설립되었지만 스탈린의 기념물이 되려는 의도를 분명히했다. 주요 건물은 스탈린시대의 만연한 고딕 양식의 큰 궁전이다. 입구 정면에는 이탈리안 파빌리온의 작은 건물이 있고 나무 오두막이 스탈린 생가이다.

스탈린 박물관은 소련에서 사형, 구금 및 망명이 최절정에 이르렀던 1937년에 태어난 작은 벽돌집에서 시작된다. 스탈린의 사망 뒤 러시아의 탈 스탈린 운동과 니키타 흐루시초프 서기장의 개인숭배 비난 연설에도 불구하고 1957년 생가 근처에 화강암과 대리석으로 웅장하게 재건축됐다

조지아 정부는 2010년 고리시의 중앙 광장에 1952년 들어선 스탈린 동상을 철거하고, 1921년 소련군 침공을 기념하기 위해 '소비에트 점령의 날'을 제정하는 등 옛 소련의 유산을 지우기 위해 애쓰고 있다.

현재 박물관에는 스탈린의 생가와 그의 개인 소지품, 많은 안면 석조상 등 4만7천여 개의 전시물이 보존돼 있다. 박물관 내부에 들어서면 스탈린의 석상을 먼저 보게 되며, 2층 전시관에는 일생 동안 그와 관련된 기록물들을 볼 수 있다. 박물관 외부에는 스탈린이 4년간 거주했던 작은 생가가 보존되어있다. 박물관 옆으로 알타 회담에 참석하기 위해 탔던 열차도 전시되어 있다.

스탈린생가

석조 건물 안에 보호되고 있는 스탈린 생가는 우리에게 좋은 인상을 주는 장소는 아니다. 스탈린은 평범한 가정에서 태어나서 냉전시대에 지구의 절반을 호령하는 소련의 독재자가 되었지만 박물관 내부도 천하를 호령하던 시절에 비해 지금 초라해 보인다.

스탈린 전용 열차

고소공포증이 있었던 스탈린은 기차로 이동하였다. 스탈린 당시에는 사치스런 기차였다고 하는 기차의 안으로 들어가 보면 부엌도 있고 욕조가 딸린 목욕탕도 있다. 스탈린 전용객실과 다른 객실도 있지만 지금 보이는 기차의 내부는 대단히 허름하다. 이런 시설로 전 세계를 호령했다니 허무할 정도이다. 회의실은 넓어서 10명 정도의 인원이 회의를 할 수가 있다.

스탈린에 대한 조지아 인들의 감정 2가지

1953년 사망한 스탈린에 대한 조지아 인들의 평가는 양분돼 있다. 일부는 스탈린이 제2차 세계대전을 승리로 이끌었으며 소련을 강대국으로 키웠다는 평가를 내리고 있다.

1. 나이 든 세대는 한국의 '박정희 향수'처럼 스탈린 향수가 있다. 중공업 육성정책으로 조지아를 발전시켰다는 것이다. 하지만 젊은 세대는 그렇지 않다. 스탈린과 소비에트는 극복해야 할 대상이다.

2. 스탈린을 싫어하는 이유는 2차 세계대전 당시 조지아 청년들을 징발해 전장에서 죽게 만들었기 때문이기도 하다. 2차 세계대전 당시 조지아인 70만 명 정도가 징집되어 그 중 35만 명 정도가 희생되었다. 스탈린 집권 기간 동안 희생당한 조지아인이 5만 여 명이고 시베리아 등에 유형을 당한 사람도 15만 명에 이른다.

스탈린은 스스로를 조지아인이 아니라 러시아인이라고 해서 미운털이 박혔다. 스탈린에 대한 반감은 자연스럽게 젊은 세대의 반러시아 감정으로 이어졌다. 조지아 청년 중에는 외국어로 러시아어를 하는 경우가 영어는 물론 프랑스어나 독일어보다 적다.

Ananuri

아나누리

Ananuri
아 나 누 리

아라그비 강^{Aragvi River}의 요새는 조지아에서 가장 잘 보호된 기념물 중 하나이다. 아름다운 자연과 고대 역사의 멋으로 인해 특별한 느낌을 받는다. 중세부터 군사 목적으로 사용되었다가 13세기부터 아라그비^{Aragvi} 공작의 거주지가 되었다. 이곳은 18세기 아라그비^{Aragvi} 봉건 시대의 본거지로 사용되었고, 조지아 인들이 수많은 전투의 무대이기도 했다.

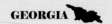

위치 & 가치

트빌리시에서 약 70㎞ 떨어진 조지아 군사 고속도로를 따라 아라그비 강Aragvi River 왼쪽에 위치해 있다. 카즈베기Kazbegi로 가는 도중에 아나누리 성Ananuri Castle을 볼 수 있다. 아그라비Aragvi 강의 청록색 물에 자리 잡은 성인 아나누리Ananuri는 조지아의 독특한 건축의 대표적인 예이다.

이름의 유래

타타르 군대가 요새에 접근했을 때 원수는 성에 가두어야했던 조지아 인들이 식량없이 오랫동안 생존하지 못하고 곧 포기할 것이라고 믿었지만 그들은 성에서 강으로 이어지는 비밀 터널이 있다는 것을 몰랐다. 곧 적들은 요새가 터널로 외부 세계와 연결되어 있다는 사실을 알았고 그것을 찾기 시작했지만 터널의 흔적을 오랫동안 찾았지만 찾을 수 없었다.

누리 출신의 '아나Ana'라는 한 여성을 붙잡아 터널의 위치를 물었지만 비밀을 적들에게 밝히기를 거부하자 그들은 고문을 하고 결국 그녀는 고문으로 죽었다. 결국 타타르 군대 터널을 찾지 못하고 후퇴하고 말았다. 이후, 이 여성의 이름을 따서 '아나누리Ananuri'로 이름이 지어졌다.

간략한 아나누리의 역사

아나누리Ananuri는 아그라비Aragvi에서 13~18세기에 지배한 봉건 왕조의 이름에서 유래가 되었다. 1739년, 아나누리Ananuri는 크사니Ksani의 샨케Shanshe가 지휘한 공국에 의해 공격을 받고 화재가 발생했다. 아라그비Aragvi 일족은 학살당했지만 4년 후에 농민들은 샴셰Shamshe의 지배에 반대하여 반란을 일으켜 우스퍼를 죽이고 테이무라즈 2세 를 직접 통치하게 했다.

17세기에 요새는 수세기 동안의 전투, 아라그비 일족의 학살, 농민 반란과 화재를 목격했다. 1746년에 테이무라즈 왕은 카케티의 에레클 2세의 도움으로 농민 봉기를 진압했다. 수백 년의 혼란 속에서 살아남은 건물은 결국 19세기에 사용이 중단되었다. 2007년에 단지는 유네스코 세계문화 유산에 선정되었다.

About 요새 & 성

요새는 포탑, 현관, 교회, 그브태바^{Gvtaeba}의 작은 교회, 스바네티안^{Svanetian} 유형의 계단형 피라미드 지붕이 있는 탑, 단일 본당 므투르나리^{Mkurnali}, 셰우포바리^{Sheupovari} 탑, 종탑, 회로 벽으로 구성되어 있다.

방어에 사용된 외벽과 3개의 교회가 결합된 2개의 성이 있다. 요새의 외벽은 17세기부터 벽돌로 지어져 현재 벽으로 둘러싸여 있고, 셰우포바리^{Sheupovari}로 알려진 큰 정사각형 탑이 있는 상단 요새는 잘 보존되어 있다. 둥근 탑이 있는 하단 요새는 대부분 폐허가 되었다.

성 안에는 다른 건물들 사이에 2개의 교회가 있다. 높고 큰 정사각형 탑에 접해있는 오래된 성모 교회에는 아라그비^{Aragvi} 공작의 무덤이 있다. 1689년, 귀족 바르디짐^{Bardzim}의 아들을 위해 세워진 더 큰 교회에는 북쪽에 새겨진 입구와 남쪽의 외관에 새겨진 포도나무 십자가를 포함하여 화려하게 장식된 파사드가 있는 중앙 돔 스타일이다. 하지만 18세기에 화재로 대부분 파괴되었다.

중앙 교회
Central Church

가장 큰 규모의 교회 안에는 전통적인 조지아 왕조의 포도나무 십자가가 불에 파괴된 정면과 벽화에 새겨져 있다. 조지아 건축 양식의 고전적인 면을 보여주며 로마, 비잔틴, 페르시아 제국의 건축물을 떠올리게 한다. 수많은 아름다운 프레스코화 유적이 있다. 17~18세기에 그려진 벽화에는 13명의 아시리아 교회 인물이 묘사되어 있기도 하다.

관광객에게 아나누리는?

아나누리(nanuri)는 실제로 조지아에서 많이 알려진 관광지는 아니다. 최근에 아름다운 풍경의 아나누리(nanuri) 요새와 아그라비(Aragvi) 강이 함께 조망되는 풍경의 사진들이 SNS에 올라오면서 찾는 관광객이 늘어나고 있다.
푸른빛의 강물에 주황색의 지붕과 교회의 십자가 어우러진 풍경의 사진은 관광객의 마음을 사로잡는다. 맑은 날의 사진보다 흐린 날, 약간은 검은 구름이 내려앉은 풍경이 더욱 운치가 있다.

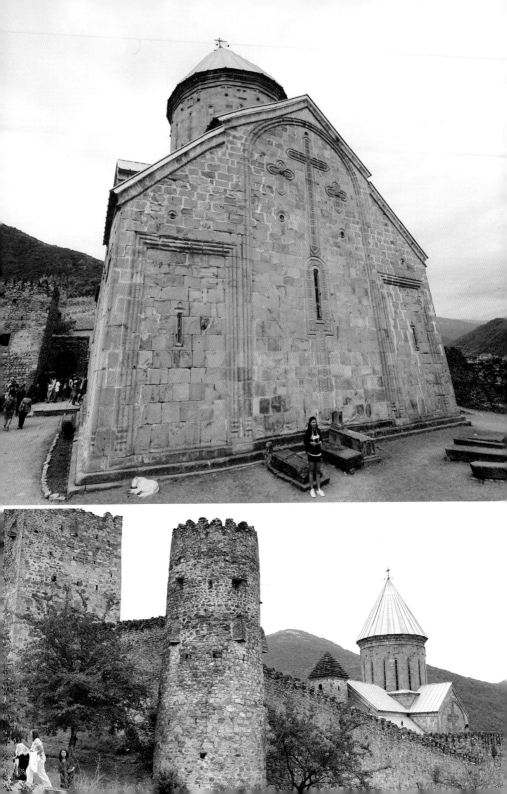

Borjomi

보르조미

Borjomi
보 르 조 미

알프스에 '에비앙'이 있다면 코카서스에는 '보르조미Borjomi'가 있다. 보르조미Borjomi 광천은 조지아의 가장 큰 수출품 중 하나다. 보르조미Borjomi 생수가 나오는 남부 코카서스의 보르조미Borjomi 지역은 제정러시아 시절 황실의 휴양지이기도 했다. 온천 때문이다.
산은 추운데 물은 따뜻해 침엽수와 활엽수가 교차하는 숲이 형성되어 피톤치드가 많이 나오기로 유명하다. 조지아 인들의 대표 휴양지인 지금도 조지아에서는 아이가 천식을 앓으면 부모가 이곳에 데려와 요양을 한다.

광천수만 마시러 갈까?

보르조미|Borjomi에서 트빌리시까지의 거리
는 약 120㎞로 보르조미 국립공원에 방문
하여 미네랄 광천수와 대자연의 풍경을
만나 볼 수 있다. 쉬면서 즐기는 여행을
하고 싶다면 국립공원 트레킹이나 야외
활동을 추천한다.

힐링 휴양지
Blue Lagoon

지열 천 광천수로 세계적인 명성을 얻고
있는 보르조미|Borjomi는 조지아의 삼스헤
Samskhe—자바헤티|Javakheti의 남부 지역에
있는 힐링 휴양지이다. 보르조미와 비슷
한 장소가 체코Czech의 카를로비 바리
Karlovy Vary이다. 체코Czech에도 치료와 힐링
을 목적으로 오랜 시간 머무는 관광객이
많은 것처럼 보르조미에도 같은 풍경이
연출된다.

나무들이 빼곡하게 둘러싼 아름다운 계
곡은 800m 고도의 아구라 강 협곡 내에
있다. 보르조미 광천수는 15세기 초에 처
음 알려져 러시아가 통치하던 시기에 많
은 사람들이 이곳에서 치료효과를 보며
큰 명성을 얻었다. 미네랄 워터의 치유력
은 소화기 계통과 신진 대사에 직접적으
로 도움이 되는 것으로 알려져 있다. 지금
도 보르조미 생수는 30개국 이상에서 판
매되고 있다.

보르조미의 Feeling

물은 포기하고 공기를 실컷 마시기로 했다. 탄산수가 솟아나는 곳은 유럽에서 가장 크다는 보르조미–하라가울리 국립공원Borjomi-Kharagauli National Park의 기슭이다.

총 700㎢ 크기의 공원은 해발 850~2,500m에 걸쳐 있으며 유네스코 자연유산이기도 하다. 침엽수와 활엽수가 함께 자라며 배출하는 산소의 특별한 효능 때문에 이곳에서 요양하면 모든 병이 낫는단다.

특히 호흡기 계통 질환에 좋다고 해서 방학 동안 아이들을 데리고 장기 요양을 오는 부모들이 많다고 한다. 그래서인지 공원 초입은 아이들을 위한 놀이동산으로 꾸며져 있다. 놀이터도 있고, 바이킹 같은 놀이기구도 적잖이 눈에 띈다. 케이블카를 타고 언덕 위에 올라가 보르조미 마을을 내려다볼 수도 있다.

보르조미 탄산수(Borjomi Mineral Water)

조지아 최고의 효자 수출품목이다. 천연염기 성분 때문에 짭쪼롬한 맛이, 익숙한 탄산수와는 다른 느낌이지만 적응하면 꽤 매력적이다. 그 원천지인 보르조미Borjomi에 도착하면 지하 10㎞ 밑에서 끌어올린다는 오리지널 보르조미Borjomi 온천수를 맛볼 수 있다는 샘으로 걸어간다. 하지만 상상했던 물맛은 아닐 것이다.

60%가 넘는다는 미네랄 함량 때문인지 혀가 얼얼할 정도로 맛이 강하여 삼키지 못하고 뱉는 사람들도 있다. 다만 체코의 카를로비 바리의 온천수보다는 맛이 강하지 않으니 한 번은 마셔볼 것을 추천한다.

1,500년 이상 샘솟고 있는 보르조미 탄산수의 치유 효과는 여러 에피소드를 통해 검증되어 왔는데, 이를 처음으로 대량 생산해 수출한 것은 200년 넘게 러시아 제국을 통치했던 로마노프 왕조1613~1917년의 후손들이었다. 아직도 로마노프가의 여름 궁전이 인근에 있다.

보르조미 만의 특이한 장면들

보르조미(Borjomi)는 몸에 좋은 미네랄 광천수가 유명하다. 물이 좋다고 소문이 나다 보니 보르조미(Borjomi)를 찾는 사람들은 광천수를 집으로 가지고 가고 싶어 한다.

어떤 사람들은 아예 맥주 박스를 가지고 와서 병에 물을 20병 가까이 받아가기도 한다. 대부분의 광천수 수도꼭지 옆에는 크고 작은 페트병을 파는 상점들이 즐비하다. 그래서 미리 물을 마시고 난 페트병을 그대로 들고 가는 관광객이 많다.

보르조미 센트럴 파크
Borjomi Central Park

현재는 2005년에 재단장해 개장한 모습이다. 공원은 생태 테마를 주제로 어린이 놀이기구, 수영장, 영화관을 갖추고 있다.

이곳의 하이라이트는 경치가 좋은 전망을 볼 수 있는 케이블카이다. 공원에서 인기 있는 동상은 작은 폭포의 기슭에 서있는 프로메테우스의 독특한 동상이나.

보르조미 협곡에 있는 12세기 성모 승천 교회에는 매년 8월 28일, 수많은 기독교 순례자들이 방문하는 중요한 교회이다. 1333년에 지어진 성 조지 교회는 조지 왕조의 장식이 교회를 둘러싼 벽면에 장식되어 있다. 공원 안의 로어 박물관을 방문하면 보르조미의 역사와 문화에 대해 자세히 알아볼 수 있다. 박물관에는 수 세기에 걸쳐 4만 개가 넘는 전시물을 보여주고 있다.

주소_ 9 Aprilli St. 50
시간_ 6~20시
요금_ 입장료 2라리(온천 수영장 5라리)

케이블카 | 운영시간 : 10~21시 | 요금 : 5라리(편도)

조지아에서 타는 케이블카는 인상 깊게 뇌리에 남는다. 수도인 트빌리시와 보르조미의 케이블카는 다른 느낌으로 다가온다. 트빌리시는 발아래 다양한 교회와 도시의 모습이라면, 보르조미는 울창한 숲이 발아래 펼쳐진다. 개인적으로는 보르조미에서 케이블카를 타는 것을 추천한다. 숲의 모습에서 잊었던 자연의 웅장한 초록색 향연은 인간의 작은 존재라는 것을 깨달을 수도 있다.

SLEEPING

골든 튤립 호텔
Golden Tulip Hotel

보르조미 센트럴 파크의 입구에 있는 골든 튤립 호텔Golden Tulip Hotel은 19세기에 만든 여름별장으로 현재는 호텔로 사용되고 있다. 디자인이 독특하여 지금도 유럽인들이 찾는 호텔이다. 내부에는 19세기의 느낌이 물씬 느껴지는 디자인으로 노년층의 꾸준한 인기가 계속되고 있다.

주소_ 9 Aprilli St. 48
홈페이지_ www.goldentulipborjomopalace.com
요금_ 더블룸 360라리~

하라가울리 국립공원 조감도

1. 입구
2. 케이블 카
3. 물 생산 공장
4. 오벨리스크
5. 포토그래픽 동상
6. 기념품 상점
7. 서머 하우스
8. 키스의 다리
9. 보르조미 미네랄 워터 광천수
   (에카테리나 여왕 광천수)
10. 조각이 3D 모델
11. 화장실
12. 극장 보르조미
13. 언덕 길
14. 카페
15. 페어리테일 타운
16. 보트
17. 매직 디스코
18. 레스토랑
19. 보잉 젯
20. 더 체인스
21. 라운드 어바웃
22. 케이블 카
23~28 놀이공원 이라고 표시
29. 수영장

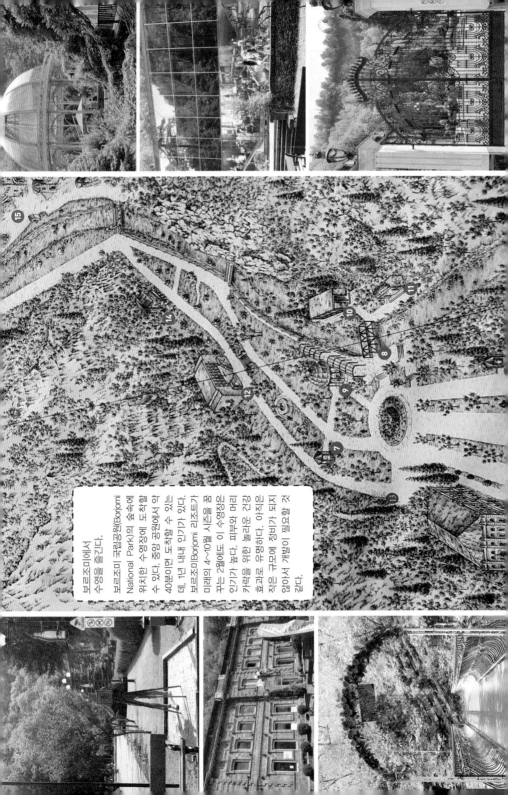

보르조미에서
수영을 즐긴다.

보르조미 국립공원(Borjomi National Park)의 숲속에 위치한 수영장에 도착할 수 있다. 중앙 공원에서 약 40분이면 도착할 수 있는데, 1년 내내 인기가 있다. 보르조미(Borjomi) 리조트가 미래의 4~10월 시즌을 꿈꾸는 2월에도 이 수영장은 인기가 높다. 피부와 머리카락을 위한 놀라운 건강 효과로 유명하다. 아직은 작은 규모로 유명하지 않아서 정비가 필요할 것 같다.

보르조미 계곡
Borjomi valley

조지아 인들의 대표 휴양지인 보르조미 계곡에는 어린이를 위한 놀이시설이 많다. 보르조미 고지대에는 스키 리조트도 있는데 이곳 역시 주로 어린이 스키 캠프가 진행되는 저렴한 리조트다.

스키 리조트로 올라가는 협궤열차도 볼거리다. 조지아로 가족여행을 간다면 꼭 들러봐야 한다. 이곳에서는 계곡 트레킹을 추천한다. 계곡을 따라 올라가다 부면 곳곳에 온천이 있고, 온천 주변에서 캠핑을 할 수 있다.

계곡 옆에서 캠핑을 즐기고 온천에서 목욕을 한 다음 돼지고기 꼬치구이를 만들어 먹는 조지아 인들을 쉽게 만날 수 있다.

크라운 보르조미 필링(Crowne Borjomi Feeling)

오픈과 동시에 보르조미 최고의 리조트로 등극했다. 주변의 산세와 잘 어울리도록 외관은 스위스 산장과 같은 분위기를 연출했지만 내부는 현대적이다.

보르조미 공원 입구까지 채 5분도 걸리지 않는 편리한 위치에 수영장과 웰니스 & 스파 센터까지 갖추고 있다. 종류가 다양한 사우나에서 땀을 쏙 뺀 후 마시는 보르조미 탄산수의 맛은 더욱 환상적. 거기에 부드럽게 근육을 이완시켜 주는 스파 테라피스트의 손길이 더해지면 몸이 노곤노곤 녹아 버리는 듯하다.

101개 객실 규모에 알맞게 2개의 레스토랑과 와인 바, 클럽 라운지와 피트니스 센터도 갖추고 있다. 사실 누가 봐도 새 호텔임을 알 수 있는 크라운 프라자 호텔에서 가장 인상적이었던 것은 직원들의 태도였다. 이제 막 교육을 마치고 처음 게스트를 대하는 듯 긴장한 모습이 마치 처음 사용해서 서걱거리는 린넨 감촉처럼 신선하다. 너무 긴장한 탓에 벌어지는 소소한 실수들이 휘황찬란한 호텔에 인간미를 더해 주었다.

주소_ Baratashvili

보르조미 센트럴 파크의 모습

입구에 들어가기 전에 상점들이 늘어서 있다.

입구를 들어가면 반겨주는 사진사 동상의 모습

보르조미 광천수 옛 공장

보르조미 광천수를 마시는 장소는
유리지붕이 아름다워 찾기가 쉽다.

Akhaltsikhe

아할치헤

AKHALTSIKHE

'새로운 요새'라는 뜻의 아할치헤^{Akhaltsikhe}는 조지아 남서부에 인구 46,134명의 작은 도시이다. 최근에 조성된 관광도시는 바르지아, 보르조미와 함께 3개 지역을 묶어 투어가 운영되고 있다. 이 작은 도시는 조지아에서 이슬람 문화를 볼 수 있는 유일한 장소로 터키의 자본이 투자되면서 조성되었다. 도시의 양쪽에는 제방이 있고, 하천은 도시를 남쪽의 구도시와 북쪽의 신도시로 나누고 있다.

간략한 아할치헤 역사

12세기에 처음 사람들이 모여 살기 시작한 작은 도시는 13~16세기까지 제켈리스 가문의 통치를 받았다. 1576년에 오스만투르크 제국이 지역들을 점령하고 1628년부터 오스만 제국의 아할치헤 주의 중심지가 되었다.

1828년, 루쏘-투르키시 전쟁 동안 러시아의 파스케비치 장군이 지휘하는 대군이 도시를 점령하면서 러시아의 일부로 편입되었다. 1829년 아드리아노플 조약에 의해 아할치헤는 러시아 제국의 일부분으로 양도되었다. 1990년대 초에 소련이 붕괴되면서 한동안 방치되기도 했다.

라바티 성
Rabati Castle

10여 년 전에 남아 있던 위험하고 파괴된 상태에서 종합적인 계획을 세워 새로 조성되었다. 무료로 입장할 수 있지만 사원, 성채, 박물관이 있는 성곽은 티켓을 구입해야 한다.

연못과 식민지에 조성된 파빌리온은 1750년대에 지어진 석재 벽돌인 아하디야Ahmadiyya 사원과 2층의 이슬람 학교인 메드레세Medrese 앞에 세워졌다. 모스크는 눈부신 금으로 된 돔이 인상적이다. 왼쪽으로 올라가면 성채와 삼츠헤Samtskhe-자바헤티Javakheti 역사박물관이 있다.

주소_ Kharischirashvili 1
시간_ 9~20시
요금_ 6 라리(성인/학생 3 라리)

삼츠헤 자바헤티 역사박물관
Samtskhe-Javakheti History Museum

기원전 4세기 쿠라-아크아 문화의 기독
교 석재 조각, 오토만 투르크와 조지아 무
기들, 18~19 세기의 지역 의상에 이르기
까지 다양한 전시물을 전시하고 있다.

사파라 수도원
Sapara

아할치헤Akhaltsikhe 남동쪽으로 약 12㎞ 정
도 떨어진 절벽의 끝에 사파라 수도원
Sapara이 있다. 9세기 이후, 존재한 수도원
은 13세기에 지방 귀족인 제이 클리스의
거주지가 되었다. 뛰어난 프레스코화가
있는 사파라Sapara의 12개 교회 중 가장 큰
성 사바St Saba 교회이다.

조지아의 유네스코 세계 문화유산

조지아는 국토도 작고 경제도 개발도상국이지만 매혹적인 옛 고대 역사가 있다. 조시아는 아름다운 풍경, 중세 교회, 수도원과 고대의 전통이 살아 숨 쉬는 나라이다. 지금까지 보존되어있는 많은 역사적인 유적과 유물이 아직도 복원되지 못하고 있지만 원래의 모습을 잃지 않은 역사적인 유적은 유네스코 세계 문화유산에 등재되어 있다.

종교 건축물, 코카서스 산맥을 따라 있는 중세 건축물은 유적지에서 볼 수 있다. 다양한 건축 양식에 영향을 받은 교회는 중세 시대로 거슬러 올라간다. 3개의 유네스코 세계 문화유산이 있다.

1. 쿠타이시의 바그라티 대성당Bagrati Cathedral과 겔라티 수도원Gelati Monastery
2. 므츠헤타Mtskheta 역사유적
3. 스바네티Svaneti와 우쉬굴리의 코쉬키(탑 주택)

유네스코 세계 문화유산 선정 기준

유네스코 세계 문화유산은 지난 10년 동안 부분적으로 유네스코가 내용을 바꾸었다. 문화유산은 예술품이나 수집품에 의해 제약을 받지 않는다. 여기에는 조상으로부터 물려받은 전통과 관습이 포함되며 구전 전통, 공연 예술, 축제, 의식, 자연과 우주에 관한 수공예품 제작에 대한 지식과 기술과 같은 후손에게 전달된다면 선정될 수 있다.

쿠타이시

조지아의 고대 수도인 쿠타이시Kutaisi에 위치한 고대 건축물인 바그라티 대성당Bagrati Cathedral과 겔라티 수도원Gelati Monastery(1994년 등재)이다.

바그라티 대성당(Bagrati Cathedral)

조지아의 첫 번째 왕인 바그라트 3세 바그라티오니Bagrat III Bagrationi의 이름을 딴 바그라티 대성당Bagrati Cathedral은 10세기 말부터 11세기 초까지 건설되었다. 1691년 터키에 의해 부분적으로 파괴되었지만 지금은 복원되어 있다.

겔라티 수도원(Gelati Monastery)

겔라티 수도원Gelati Monastery의 건축되던 시기는 조지아의 황금기였다. 12~17세기에 종교적으로 중요한 장소였던 겔라티 수도원Gelati Monastery은 훌륭한 모자이크와 벽화가 있는 곳이다. 대성당과 수도원은 조지아에서 중세 건축의 꽃으로 상징되는 장소이다.

건축가인 아그하마쉐네벨리 Aghmashenebeli의 지휘아래 지어졌으며 그는 이곳에 묻혔다. 오랫동안 수도원은 국가의

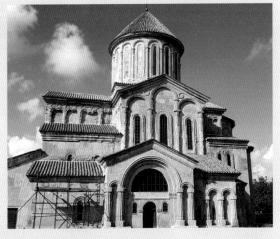

종교 중심지뿐만 아니라 자체 아카데미가 있는 문화와 교육 장소였다. 수도원의 아카데미는 과학, 문화의 요람이 되어 조지아 사람들의 교육에 공헌을 했다. 소련의 통치 시기까지 수도원에서 많은 귀중한 유물과 교회 유적이 보존되었지만 소련의 통치 시기에 일부는 잃어 버렸다.

므츠헤타(Mtskheta)의 역사 유적지

트빌리시로 수도를 옮기기 전까지 조지아의 수도였던 므츠헤타Mtskheta의 교회는 코카서스 지방의 중세 종교 건축물의 전형적인 모습을 보여주고 있다. 고대 왕국이 달성한 높은 예술적, 문화적 수준을 보여주고 있다. 므츠헤타Mtskheta의 교회는 조지아의 중앙인 아그라비Aragvi와 쿠라Kura 강의 합류 지점에 위치하고 있으며 트빌리시에서 약 20㎞ 떨어져 있다.

므츠헤타Mtskheta는 한때 기독교가 337년에 조지아에서 공인된 카르틀리 왕국의 고대 수도였다. 현재, 조지아 정교회 사도 교회의 거주지로 사용되고 있다. 고대 무역인 실크로드 교차로에서의 전략적 위치와 로마, 페르시아, 비잔틴 제국과의 긴밀한 관계는 도시의 발전에 기여했으며, 지역의 문화적인 전통과 다른 문화적 영향을 받았다.

6세기 이후, 수도가 트빌리시로 옮겨졌지만, 므츠헤타Mtskheta는 국가의 중요한 문화적, 정신적 중심지로 주도적인 역할을 수행하고 있다. 즈바리Jvari와 스베티츠호벨리Svetitskhoveli의 성 삼위일체 수도원Holy Cross Monastery은 중세 조지 왕조 건축물의 걸작으로 평가받는다.

즈바리 수도원Jvari Monastery

초기 정교회 건축의 걸작 인 즈바리 수도원Jvari Monastery은 기원전 585~604년으로 거슬러 올라간다. 므츠헤타Mtskheta 마을 근처의 언덕에 위치한 이곳은 1994년에 유네스코 세계 문화유산으로 등재 되었다.

순례자들이 수도원을 방문하고 기도하면서 눈물을 흘리며 근처의 호수 바라보았기 때문에 '눈물 호수'라고 부르기도 했다고 한다. 수도원은 여전히 종교 의식 때 역할을 하고 있다.

스베티츠호벨리 대성당(Svetitskhoveli Cathedral)

므츠헤타의 또 다른 중요한 기독교 성당은 1010~1029년에 지어진 스 베티츠호벨리 성당 Svetitskhoveli Cathedral이다. 이곳은 실크로드의 주요 지점으로 예수 그리스도의 매장지, 조지아 왕의 무덤으로 조지아에서 가장 자주 방문하는 관광 명소이다.

어퍼 스바네티(Upper Svaneti)

독특하게 지리적으로 격리가 도면서 보존된 어퍼 스바네티Upper Svaneti의 산악 풍경은 중세 마을과 적을 감시거나 피신할 수 있는 탑형 주택인 코쉬키Koshiki와 함께 코카서스 지방의 산악 풍경이 탁월하다. 스바네티Svaneti로 이동하는 것은 쉽지 않지만 여행이 아무리 힘들더라도 관광객이 찾을 가치가 있다.

스바네티(Svaneti)

많은 관광객들에게 인기 있는 명
소가 된 것은 독특한 풍경 때문이
다. 스바네티Svaneti는 수도인 트빌
리시에서 가장 멀리 떨어져 있고
접근하기 어려운 지역 중 하나이
지만 스바네티Svaneti에는 압도하
는 자연 풍경이 있다. 높은 고도
와 고립된 지역으로 스키와 모험,
생태 관광으로 최근에 가장 인기
가 높다.

우쉬굴리(Ushguli)

우쉬굴리Ushguli 마을은 유럽에서 가장 높은 정착지로 2,300m의 고도에 위치하고 있다. 인
구리Inguri 강 상류를 차지하고 눈 덮인 산의 웅장한 배경을 가진 협곡과 고산 계곡 사이에
는 산의 경사면에 몇 개의 작은 마을이 흩어져 있다.
가장 주목할 만한 특징은 집 위에 있는 탑이 많다는 사실이다. 현재 200개가 넘는 탑형 주
택인 코쉬키Koshiki를 보유하고 있다. 코쉬키Koshiki는 주택으로도 사용되었지만 더욱 중요한
것은 침략자에 대한 방어 수단으로 사용되었다는 것이다. 2000년이나 된 마을에는 약 70
가구가 아직도 살고 있다. 겨울에는 눈이 전체 지역을 덮으며 때로는 우쉬굴리Ushguli까지
가는 길도 폐쇄가 된다.
우쉬굴리는 스바네티Svaneti의 중심인 메스티아Mestia에서 약 45㎞ 떨어져 있다. 우쉬굴리
Ushguli로 가려면 메스티아Mestia에서 4륜구동 차량을 대여해서 이동해야 한다. 마을로 가는
길은 비포장도로라서 힘들고 약 3시간이 걸린다. 여러 마을을 지나 오래된 그림과 벽화가
있는 작은 교회를 찾으면 도착한 것이다.

조지아의 무형 문화유산

무형의 문화유산은 세계화가 증가하는 상황에서 문화적 다양성을 유지하는 데 중요한 요소이다. 나른 긍농제의 무형 문화유산에 대한 이해는 문화 간의 대립을 완화하고 다른 삶의 방식에 대한 상호 존중으로 인류의 문화를 증진시킬 수 있는 힘이다.

크베브리(Kvevri)

점토, 달걀 모양의 배에서 포도를 발효시켜 조지아에서 전통적으로 와인을 만드는 방법은 유네스코의 교육, 과학, 문화의 특징으로 세계 문화유산으로 등재되었다. 고대 조지 왕조의 와인 생산 방식인 크베브리[Kvevri]는 인류의 무형 유산의 일부이다.

포도 발효에 전통적으로 사용되는 대형 토기를 크베브리[Kvevri]라고 한다. 고고학적으로 그들이 8000년 이상 사용되었다는 것이 증명되었다. 크베브리[Kvevri]는 조지아 인들에게 반 성지로 여겨지는 마라니[Marani]라는 특별한 지하실에 묻혀 있다.

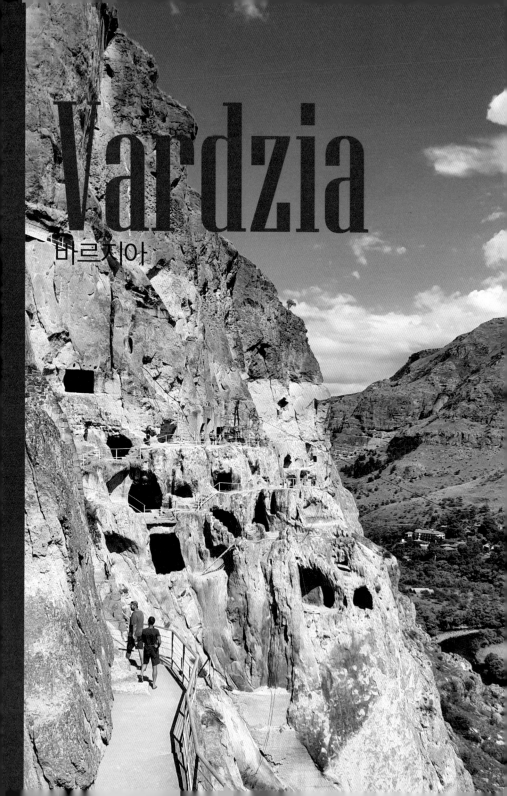

Vardzia

바르지아

VARDZIA

돌로 구성된 에루쉐티Erusheti 산의 경사면에 동굴 수도원이 있다. 동굴 도시, 바르지아Vardzia 는 장엄한 자연 현상이 아니고 조지아의 종교적이고 문화적인 곳으로 현재는 소수의 승려 들에 의해 유지되고 있다. 산의 외부 경사면은 비옥한 지역으로 재배에 적합한 관개 시스 템이 설계하여 오랜 시간 머물 수 있도록 설계되었다. 또한 자연이 만든 절벽에 인간이 만 든 방어시스템까지 어우러져 인간의 불굴의 장소라는 것을 알 수 있다.

간략한 바르지아 역사

주민들은 13층이 넘는 바위로 이루어진 주거지에 살았다. 1283년에 큰 지진이 발생하여 많은 동굴의 외벽이 흔들렸고 동굴 도시는 오랫동안 쇠퇴하기 시작했다. 1551년에 조지아 인들은 페르시아 인들에 의해 동굴을 지키기 위해 싸웠지만 전투에서 패배했고, 바르지아 Vardzia는 약탈을 당하고 방치되었다. 소련의 통치가 끝난 후 바르지아Vardzia는 다시 수도원으로 복구하고 일부 동굴에는 승려들이 거주하였지만 최근에는 복원작업을 하고 관광지로 조성되었다.

건설 과정

12세기에 지오르기 3세 왕은 바르지아^{Vardzia}에 요새를 세웠고 그의 딸, 타마르 여왕은 동쪽 국경의 영적인 요새로 알려진 바르지아^{Vardzia}에 2,000명의 수도사로 구성된 성스러운 동굴 수도원을 세웠다. 동굴은 절벽을 따라 약 500m, 최대 19층으로 뻗어 있다. 1180년대에 지어진 도르미티온^{Dormition} 교회 에는 중요한 벽화가 있다. 16세기, 오스만투르크 제국이 점령하면서 대부분 버려 졌다.

내부 구성

단단한 바위에서 발굴된 바르지아^{Vardzia}는 타마르 여왕을 위해 지은 동굴 수도원이다. 타마

르여왕의 통치 시기는 조지아의 황금시대였다. 약 300개의 거주공간과 홀을 만들고 일부 터널에는 관개 시설로 만든 통로에 마실 수 있는 물을 가져오도록 만들어져 있다. 400 개가 넘는 방과 13개의 교회, 25개의 와인 저장고가 발견되었고 아직도 더 많이 발견되고 있다고 한다.

내부 모습

동굴 수도원의 중심에는 교회가 있다. 2개의 아치형으로 벨Bell이 매달린 현관과 교회의 정면은 사라졌지만 내부는 아직도 아름답다. 1184~86에 그린 벽화에는 많은 종교적인 장면을 묘사한 것을 볼 수 있다. 북쪽 벽에는 기오르기 3세Giorgi III와 타마르Tamar 여왕이 결혼하는 장면을 묘사해 놓았다.

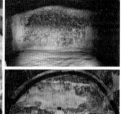

시간_ 10~19시
요금_ 7라리(성인/학생 1라리)
1라리(동굴 도시 입구로 이동하는 버스비)

입장티켓   버스티켓

주의사항

바르지아 동굴 수도원은 약 150m의 긴 터널로 이어져 암석 내부로 올라가서 다시 교회 위로 올라가야 한다. 꽤나 긴 거리를 올라가서 큰 동굴 수도원을 보고 내려올 때는 답답함을 느낄 수도 있다.

동굴 수도원 효율적으로 돌아보려면?

동굴 수도원을 돌아보는 시간은 최소 1시간 이상이다. 그러므로 시간을 잘 맞춰서 구경해야 하는 데 쉽지 않다. 그러므로 오전에 아할치헤를 보고 나서 오후에 점심을 수도원 입구에서 하고 쉬었다가 오후에 구경하는 것이 좋다. 그래서 아할치헤와 바르지아 동굴을 보다 보면 1~2시간이 남을 수 있다. 그렇다면 투어를 이용하는 것도 좋은 방법이다.

마르쉬루트카 이동방법(5라리)

아할치헤 출발 10시 30분, 12시 20분, 16시 / 바르지아 동굴 수도원 출발 13시, 15시, 18시
트빌리시에서 보르조미나 아할치헤까지 이동하고 나서 바르지아 동굴로 이동해야 한다. 택시 요금 (60라리 이상)은 상당히 비싸기 때문에 투어가 더 효율적이다.

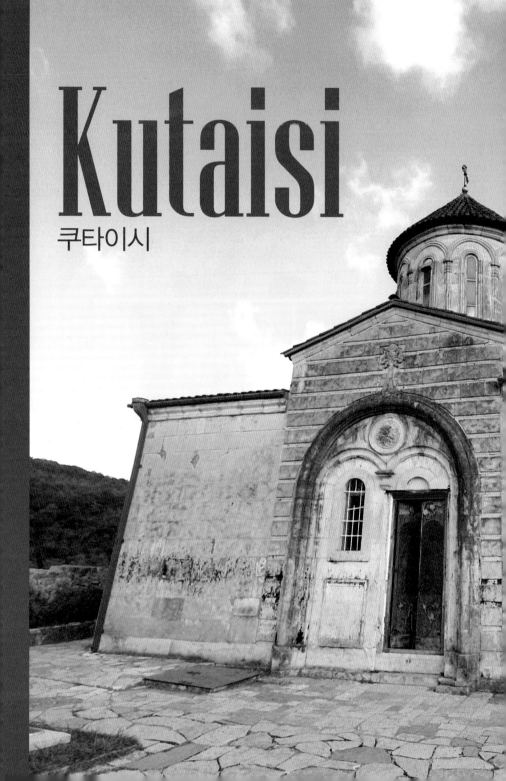

Kutaisi

쿠타이시

Kutaisi

쿠 타 이 시

이레레티^{Imereti}의 수도인 쿠타이시^{Kutaisi}는 조지아에서 3번째로 큰 도시이다. 매력적인 공원과 함께 리오니Rioni 강 유역으로 뻗어있는 19세기 주택이 나무가 늘어선 거리로 둘러싸여 있는 아름다운 곳이다. 쿠타이시^{Kutaisi}는 약 4천 년 전에 건설된 세계에서 가장 오래된 거주 도시로 알려져 있다. 조지아의 고대 문명 중에 하나인 쿠타이시^{Kutaisi}는 항상 조지아 중부의 중요한 문화 중심지 역할을 해왔다.

간략한 쿠타이시 역사

옛 콜키스 왕국의 수도였으며 고대 조지아 문화형성에 중요한 역할을 했다. 그리스신화에 프로메테우스가 사슬에 묶여 벌을 받았다는 동굴이 있고, '바니^{bani}'라는 곳에는 황금양털을 구하러 온 아르고스나우타이(이아손과 함께 황금양털을 구하기 위해 콜키스로 떠난 아르고원정대 50인의 영웅들)의 이아손이  콜키스의 공주 메데이아를 만난 곳이라고 전해진다.

> 다른 설
> 이아손과 메데이아가 만난 곳이 조지아의 '작은 스위스'라고 알려진 '메스티아(Mestia)'라고도 한다. 또 흑해 연안의 항구 바투미에는 메데이아가 죽였다는 압쉬르토스의 무덤이 있는 '고니온'이라는 곳도 있다.

257

프로메테우스 동굴 &
사타플리아 동굴
Prometheus Cave & Sataplia Cave

쿠타이시Kutaisi에서 40km 떨어져 있는 이 메레티 지역Imereti Protected Areas에 있다. 동굴에는 다양한 종류의 종유석, 석순, 커튼, 석화 폭포, 지하 강, 호수가 있다. 여섯 군집의 각 동굴은 규모와 석회화 된 흐름 석의 독특한 모양이 서로 크게 다르다. 지하 호수에서 보트 투어를 할 수도 있다. 두 동굴은 트빌리시에서 1일 투어로 쉽게 방문할 수 있다.

울창한 숲을 지나가면 프로메테우스 동굴Prometheus Cave의 관광센터로 들어간다. 전 세계적으로 알려진 프로메테우스 Prometheus의 전설이 있는 동굴이다. 그는 신들로부터 불을 훔쳐 프로메테우스 동굴Prometheus Cave에서 볼 수 있는 흐밤리

산Khvamli Mountain에 감금되었다고 알려져 있다. 특별한 형태의 종유석, 석순, 석회 화 된 돌 폭포, 지하 강과 호수를 찾을 수 있다. 신비롭고 시원한 동굴은 걸어서 1.4 km를 이동하여 동굴을 보게 된다.

사타플리아Sataplia 동굴은 공룡 발자국으로 알려져 있다. 투어가 시작되면 가장 먼저 설명하는 동굴이다. 가이드는 각 발자국에 대해 자세히 설명하지만 어설퍼 보이는 공룡 발자국으로 실망할 수도 있다.

쿠타이시 지역이 수백만 년 전에 다양한 공룡이 살았고 인류가 오랫동안 살았던 오래된 지질구조를 가지고 있다고 판단하면 된다.

사타플리아Sataplia 산에서 쿠타이시Kutaisi 의 경치를 볼 수 있다. 산 바로 아래에서 사탑리아 동굴로 이어지는 작은 터널로 들어가는 것을 볼 수 있다. 동굴의 중앙에는 멋진 하트 모양의 석순이 있다.

요금_ 15라리
교통_ N45 미니 버스(9라리)

많은 회당들이 조지아에서 유대인 공동체의 오랜 역사를 보여준다. 1866년에 지어진 도시에서 가장 큰 회당은 500명의 성직자들이 앉을 수 있다. 유네스코 세계 문화유산으로 지정된 바그라티 성당Bagrati Cathedral과 겔라티 수도원Gelati Monastery이 있다.

바그라티 성당
Bagrati Cathedral

바그라티 성당Bagrati Cathedral은 조지 왕조 건축의 최고의 걸작으로 평가받는다. 성당은 리오니Rioni 강의 높은 바위 같은 오른쪽 강둑에 위치하고 있다. 대성당은 건축적으로 뿐만 아니라 문화적으로도 조지아의 역사에서 중요한 장소이다.
붉은 다리Tsiteli Khidi를 건너 쿠타이시 중심에 있는 바그라티 성당Bagrati Cathedral에서 쿠타이시Kutaisi의 놀라운 풍경을 볼 수 있다. 매주 일요일 오전 9시부터 오후 2시까지 예배가 있어서 참가하면 조지아 어

노래와 민속음악을 들을 수 있다. 결혼식으로 쿠타이시Kutaisi에서 가장 인기 있는 곳이기 때문에 운이 좋으면 주말에 전통 결혼식을 볼 수 있다.

주소_ Kutaisi 25 Bagrationi str.

간략한 성당의 역사

조지 왕조의 첫 번째 왕인 바그라트 3세Bagrat III의 통치기간인 10세기 말~11세기 초에 건설되었다. 트빌리시Tbilisi는 페르시아에서 약 400년 동안 점령한 반면, 쿠타이시Kutaisi는 조지아 왕국의 수도로 건재했다. 17세기 터키의 폭발로 폐허 상태로 성당은 방치되었다가. 1994년에 목록 유네스코 세계 문화유산으로 선정되고, 2009~2012년 사이에 복원되었다.

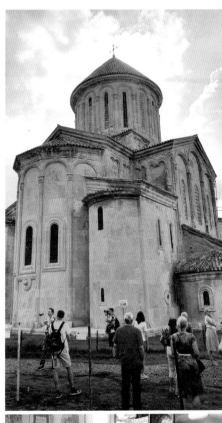

겔라티 수도원
Gelati Monastery

대성당은 쿠타이시Kutaisi에서 서쪽으로 11 km 떨어져 있다. 겔라티 수도원Gelati Monastery은 조지아의 중요한 종교, 문화, 교육 중심지였다. 12~17세기의 '프레스코'라고 불리는 멋진 모자이크와 벽화가 있는 아름다운 거대한 수도원이다.

쿠타이시Kutaisi 근처의 중세 수도원 단지로서 1106년 조지아의 다비드David 왕에 의해 설립된 3개의 교회로 구성되어 있다. 겔라티 수도원Gelati Monastery은 수세기 동안 교육 센터의 역할을 했기 때문에 많은 벽화와 원고가 보존되어 있다. 겔라티 수도원Gelati Monastery은 건축양식, 모자이크, 벽화, 에나멜세공, 금속세공 등으로 인해 중요하다.
이곳은 수도원이었을 뿐만 아니라 당시 과학, 교육의 중심지였으며, 그 안에 설립된 아카데미는 고대 조지아의 가장 중요한 문화 중심지 중 하나였다. 프레스코화로 유명한 겔라티 수도원은 유네스코 문화유산으로 지정되었다. 프레스코화도 아름답지만 와인저장고 다비드왕의 무덤 등이 볼만하다. 와인의 유적을 보니 한때 번영했던 과거를 짐작할 수 있다.

시간_ 트빌리시에서 11, 14, 17시에 출발
쿠타이시에서 11시 30분, 14시 30분, 17시 30분 출발
택시 요금_ 쿠타이시 시내에서 겔라티 수도원까지 (20라리)

다비드왕의 묘지
안으로 들어갈 수는 없도록 막아놓았다. 다비드왕의 유언은 사람들이 묘지를 밟으라고 했지만 묘지의 손상이 심해 지금은 들어갈 수 없다. 묘지를 밟으라는 의미는 권력을 가진 사람은 겸손해야 한다는 뜻이다. 왕은 유언으로 사람들이 지나가는 통로에 자신을 묻고 그 위를 사람들이 밟고 다니라고 했다고 한다. 묘지 위를 보면 다 닳아있다.

못사메타
7세기에 지었는데 8세기에 아랍의 침입을 받아서 대학살이 있었다고 전해진다. 당시 강이 피로 물들어 강 이름이 붉은 강이 되었다. 교회 안에는 관이 하나 놓여있다. 당시 강 밑으로 떨어져 죽었는데 사자가 시체를 물어서 지금의 자리에 올렸던 자리에 교회를 지었다고 전해진다. 이곳을 방문한 사람들은 모두 관에 경의를 표한다.

263

카츠키 필라
Katskh Pilla

쿠타이시Kutaisi에서 60㎞ 떨어진 곳에 위치해 있는 카츠키Katskh의 마을에서 기둥은 자연적인 석회암으로 이루어져 있다. 높이가 40m이며 주변의 강 계곡이 내려다보인다. 기둥 위에 작은 교회가 아름다워 많이 찾는 교회 안에는 성직자도 볼 수 있다.

오카세 협곡
Okatse Canyon

오카세 협곡의 길이는 약 16km이고 폭은 10~15m이며 깊이는 약 50m이다. 협곡을 따라 70m 높이의 폭포를 여러 개 찾을 수 있다. 오카세Okatse 강에서 오카세Okatse 협곡에 가려면 다디안Dadian의 정원을 가로질러 가야 한다. 보도 끝에 오카세Okatse 협곡을 시작하는 지점이 보인다. 800m

길이의 통로는 협곡 위, 약 50m의 바위에 붙어 있으며 걷는 동안 오카세Okatse 강의 자연과 아름다운 전망을 즐길 수 있다.

오카세 협곡에 있는 모토마테 수도원 Motsameta Monastery은 공식적으로 11세기에 건축된 것으로 알려져 있지만 역사 기록에는 8세기 초에 교회가 세워졌다는 기록이 있다. 모토마테Motsameta는 방주에서 3번 기어 다니고 복도를 만지고 소원을 빌면 소원이 이루어진다는 이야기가 있다.

킨카 폭포(Kinchkha Waterfall)
높이가 거의 70m에 달하며, 강 계곡에서 작은 오아시스를 만든다. 오카세 협곡(Okatse canyon)에서 약 5㎞ 떨어져 있으며 차로 약 15 분이 소요된다. 택시를 타고 가려면 60라리의 비싼 택시비로 인해 많이 찾지 않는다. 로미나 호수(Lomina Lake)는 폭포에서 걸어서 약 2㎞이지만 숲의 중심부에 위치하여 수영을 즐기고 아름다운 느낄 수 있어서 조지아 사람들의 휴양지이자 캠핑으로 유명하다.

높이가 거의 70m에 달하며, 강 계곡에서 작은 오아시스를 만든다. 오카세 협곡 Okatse canyon에서 약 5km 떨어져 있으며 차로 약 15 분이 소요된다. 택시를 타고 가려면 60라리의 비싼 택시비로 인해 많이 찾지 않는다. 로미나 호수Lomina Lake는 폭포에서 걸어서 약 2km이지만 숲의 중심부에 위치하여 수영을 즐기고 아름다운 느낄 수 있어서 조지아 사람들의 휴양지이자 캠핑으로 유명하다.

쿠타이시의 대표적인 박물관

주립 역사박물관(Niko Berdzenishvili Kutaisi)

1912년에 설립된 박물관은 기원전 4~6세기에서 중세 후기까지 약 20만개 이상의 문화유산을 보관하고 있다. 청동기 시대, 서부 조지아의 고고학 유물, 희귀한 조지아 어 서적, 로마, 비잔틴과 동양의 역사 유물, 희귀 유물, 가장 오래된 서신과 조지아 어 희귀 사본, 민족 자료 등이 2층에 전시되고 있다.

주소_ 18 Pushkin str., Kutaisi

바니 고고학 박물관(Vani Archeological Museum)

바니 유적지에서 대부분의 고고학적 발견을 담고 있다. 1987년, 골드 리저브는 박물관 내에 문을 열었으며 바니의 고대 금세 공인이 만든 독특한 작품들을 보존하고 있다. 독특한 청동 모양의 조각도 전시되어 있다.

주소_ 22 Lortpanidze str., Vani

사탑리아 자연 보호구역(Sataplia Nature Reserve)

쿠타이시 북서쪽으로 6㎞ 떨어져 있는데, 보존된 공룡 발자국과 수많은 종유석과 석순이 특징인 아름다운 동굴 단지가 있다. 보호구역 내에는 박물관과 유리 산책로가 있어 아름다운 자연 경관을 감상할 수 있다.

쿠타이시 시내모습

주그디디(Zugdidi)

아브카지아 주그디디^{Abkhazia Zugdidi}와 국경 근처 흑해에서 30㎞ 떨어진 콜치드^{Colchild}에 위치한 조시아의 5대 도시로 인구는 70,000명 이상이다. 도시는 역사가 매우 오래된 조지아 서부, 콜치스^{Colchis}에 위치하고 있다. 주그디디^{Zugdidi} 주변에는 고대 유적이 많다. 주그디디는 메스티아를 여행하기 위해 야간기차를 타고 주그디디에서 새벽에 내려 마르쉬루트카를 타고 스바네티^{Svaneti}로 이동한다. 그래서 대부분의 관광객은 오래된 콜치스^{Colchis} 땅의 도시, 주그디디^{Zugdidi}에 대해 알지 못한다.

고대 망루와 메스티아^{Mestia}와 우쉬굴리^{Ushguli}의 민족 정착지로 알려진 조지아에서 가장 독창적인 지역이 스바네티^{Svaneti} 지방이다. 그 스바네티 지방으로 이동하기 위해 거쳐 가는 도시가 주그디디^{Zugdidi}이지만 조지아의 다른 도시처럼 중앙광장과 아름다운 건물들이 도시를 둘러싸고 있다. 주그디디^{Zugdidi}에서 가장 유명한 명소는 밍그레리아^{Mingrelia} 왕자가 만들기 시작한 큰 정원이 있는 디디아니 궁전^{Didiani Palace}이다.

주그디디 미니버스 타는 방법
야간열차에서 내려 → 미니버스, 마르쉬루트카를 협상하여 짐을 싣고 → 탑승하여 인원이
다 차면 출발한다.

디디아니 궁전(Didiani Palace)

디디아니Dadiani 왕자가 지시해 짓기 시작한 가톨릭 궁전에는 중요한 유물인 축복받은 성모
가 궁전Palace의 가족 박물관에 보관되어 있다. 슈라우드는 15세기에 디디아니Dadiani 왕자의
후손들이 비잔티움에서 조지아로 옮겼다고 한다.

주소_ Zviad Gamsakhurdia St.2 **시간**_ 10~18시(월요일 휴관) **전화**_ 4155-0642

> 디디아니(Dadiani)
> 나폴레옹 보나파르트와의 관계로 유명한 고대 귀족의 가족이었다. 디디아니(Dadiani) 공주 중 한명은
> 프랑스 나폴레옹의 조카인 아스킬 무라트(Askil Murat)와 결혼했다. 그래서 디디아니(Dadiani) 왕자는
> 계승권에 의해 나폴레옹과 관련된 많은 유물을 받았다.

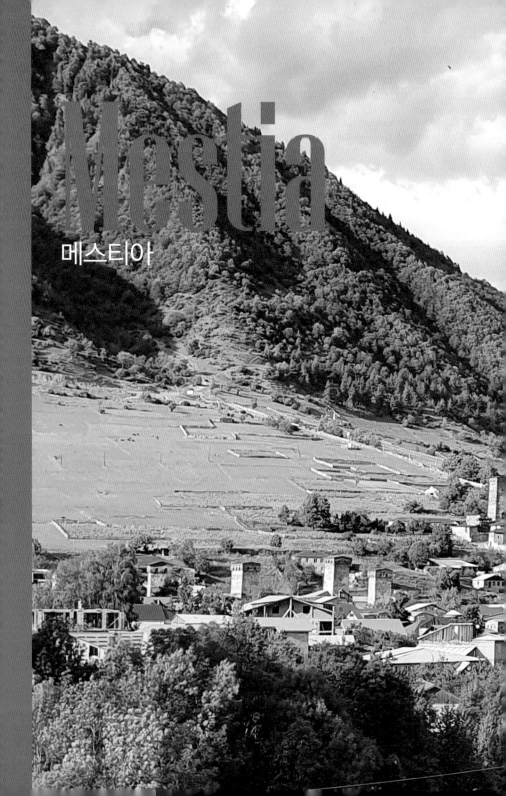

Mestia

메스티아

Mestia
메 스 티 아

조지아의 '작은 스위스'라고 불리 우는 메스티아^{Mestia}는 수도 트빌리시에서 서북쪽, 해발 1,440m에 자리한 작은 마을이다. 아름다운 풍경과 우쉬바산(4,690m), 테트눌디산(4,858m) 이 유명하며, 약 1000년 전 전쟁을 대비해 만들어진 '탑형주택' 코쉬키^{Koshiki}가 늘어서 있다.

코시키(Koshiki)

코시키는 보통 3층의 구조로 1층은 가축이 살고, 2층에는 사람들이 거주하며, 3층은 전쟁 등의 유사시 대피하는 곳이다. 외관으로 보면 입구가 안 보이는 경우가 많다. 외곽에서 들어오지 못하도록 해야 하기 때문에 사다리로 올라가야 들어올 수 있다. 사다리가 없으면 아무도 들어갈 수 없도록 만든 구조다. 외적의 침입이 많았던 조지아는 예전에 집마다 하나씩 가지고 있었다고 전해진다. 스바네티Svaneti 지역은 집마다 하나씩 세웠지만 다른 지역은 마을에 하나 정도만 남아 있다.

지금도 안으로 들어갈 수 있다. 내부는 상당히 잘 보존되어 있어서 외관에는 창문이 없어 보이지만 내부는 환하다. 안에서 보면 외부 전체를 볼 수 있다. 벽의 두께가 층마다 다른데 올라갈수록 벽 두께가 얇아지고 내부공간은 넓어진다. 대단한 건축기술이다. 꼭대기 층에서는 적에게 공격도 할 수 있도록 만들어져 있다.

한눈에 메스티아 파악하기

메스티아^{Mestia}에서 수도 트빌리시에서 북서쪽으로 약 220㎞ 거리에 있다. 메스티아의 그림 같은 자연을 보고 싶다면 메스티아에서 40㎞ 거리에 있는 엘브루스 산으로 트레킹을 떠나면 된다. 가까운 트레킹은 빙하트레킹으로 시내에서 북쪽으로 자동차로 10~20분 정도면 입구까지 도착해 빙하트레킹을 즐길 수 있다. 대부분의 관광객은 우쉬굴리 3박4일 트레킹을 선호한다. 그러므로 메스티아에서는 5~6일 정도를 머물러야 원하는 여행을 할 수 있다.

메스티아에 시내는 작은 규모이기 때문에 산책하듯이 둘러보면 편안하게 알 수 있다. 시내의 중심인 세티 중심부는 매일 저녁마다 생생한 음악과 함께 밤하늘의 별을 보면서 추억을 만들 수 있을 것이다. 시내에 있는 역사 민속 박물관에 가면 지역의 독특한 문화적 특성과 정신적 가치를 쉽게 확인하고 설명도 들을 수 있다. 또한 창문에서 바라보는 아름다운 전망은 덤이다.

메스티아에서 갈 수 있는 마제리와 츠바비아니에도 관심이 증가하고 있다. 메스티아에서 서쪽으로 10㎞, 동쪽으로 11㎞ 거리에 있다. 겨울에는 두툼한 스키복을 입고 돔바이 스키장의 구불구불한 슬로프를 따라 활강하러 떠나는 관광객이 많다.

황홀한 경관을 자랑하는 사메그렐로 즈베노 스바네티에서 여행을 마치고 돌아가는 발걸음을 떼기가 쉽지는 않을 것이다. 트빌리시까지 자동차로 9시간이 소요되는 여행이 힘들다면 메스티아 시내에서 3.6㎞ 떨어져 있는 공항에서 비행기로 30분 만에 도착하는 방법도 있다.

우쉬굴리(Ushguli)

우쉬굴리(Ushguli)에서 엔구리(Enguri) 협곡의 꼭대기에 있는 마을이다. 스바네티(Svaneti)지방은 조지아의 북서쪽에 있는 스바네티(Svaneti)의 유네스코 세계 문화유산으로 지정되어 있다. 우쉬굴리(Ushguli)는 유럽에서 가장 높은 정착지이다. 우쉬굴리(Usguli)는 메스티아(Mestia)의 시내 같은 발전된 도시와 비교해 접근성이 좋은 위치에 있지 않아 중세 마을의 특성을 보존하고 있다.

우쉬굴리(Ushguli)는 코카서스 산맥 의 가장 높은 정상 중 하나인 샤크하라(Shkhara) 근처의 2,100m에 위치하고 있다. 약 70 가구의 약 200 명이 거주하며 소규모 학교만이 남아 있다. 1년 중 6 개월 동안 눈이 덮여 있어서 접근이 제한되기도 한다. 전형적인 스바네티(Svaneti) 방어인 타워 하우스를 '코쉬키(Koshiki)'라고 부르는데 마을 전체에서 볼 수 있다. 마을 근처 언덕에 위치한 우쉬굴리(Ushguli) 예배당은 12세기에 지어진 것이다.

스바네티 박물관
Svaneti Museum of History and Enthnography

1936년에 개장한 박물관은 2013년 7월 1일에 새롭게 현대적인 시설로 다시 문을 열었다. 처음에는 소장품을 소장했지만 1948년부터 유명한 조지 왕조 미술사 Giorgi Chubinashvili가 이끄는 스바네티 발굴 작업을 통해 주민과 함께 교회에서 찾은 원고, 아이콘과 기타 유물을 전시하고 있다.

2013년에 재개장하면서 그동안 발굴한 복원 실험실과 창고가 만들어졌고, 6개의 상설 전시실에 9~18세기의 원고, 독특한 아이콘, 고고학적이고 민족적인 유물이 전시되어 있다. 기독교 보물의 특별 홀에 4~20세기의 중요한 걸작을 볼 수 있다. 박물관의 마지막 전시장은 조지 왕조에 대해 소개하고 있다.

박물관의 많은 아이콘 모음은 독특한 스타일로 11세기에 의해 만들어졌다. 주목할 만한 아이콘으로는 아이콘 제작자 아사니Asani의 황제 디오클레티안Diocletian의 성 조지St. George 고문과 지오르기Giorgi와 테트보레Tevore가 그린 그리스도토코레이터Christokokrator 등이 있다.

막심 택시 어플리케이션(Maxim)

러시아에서 택시를 탑승할 때 시베리아와 극동지역에서 택시 어플인 막심을 다운받아 사용해야 한다. 현지에서 전화를 받을 번호가 있어야 하기 때문에 심카드를 설치하고 나서 이용해야 한다. 막심어플리케이션을 국내에서 미리 다운 받아와서 심카드를 설치해 휴대폰을 개통하고 이용하면 효율적이다. 미리 스마트폰에서 앱을 국내에서 다운받고 심카드를 설치할 때 통신사에서 다 해주는 데 이때 요청하면 막심 앱도 사용할 수 있도록 해준다.

로비에서 바라본 모습

옥상에서 바라본 모습

주소_ A. Ioseliani 7
요금_ 7라리
시간_ 10~18시|30분(월요일 휴관)
전화_ +995-322-9971-76

세티 광장
Seti Square

메스티아에서 가장 관광객이 많이 머무
는 곳은 세티 광장이다. 광장 주변에는 다
양한 숙박시설과 카페, 레스토랑이 있어
서 밤까지 사람들이 북적이는 유일한 장
소이다. 광장의 중심에는 타마라 여왕의
동상이 서 있지만 여름이 지나면 관광객
이 빠지면서 점차 적막해진다. 오른쪽에
새로 만들어진 건물에는 시청사와 경찰
서가 있고 입구를 나오면 트빌리시나 바

투미 등으로 이동하는 미니버스인 마르
쉬루트카가 대기를 하고 있다.

EATING

경찰서 앞 거리

푸리
Puri

수도인 트빌리시에서는 조지아의 전통 빵인 '푸리Puri'를 파는 상점을 찾기가 힘들다. 메스티아에서는 경찰서 앞에 있는 길을 걷다보면 푸리를 맛볼 수 있다. 작은 상점이지만 메스티아 현지인들이 매일같이 찾아오는 주식을 팔고 있다. 뜨끈한 푸리 하나는 다 먹지 못할 정도로 크기 때문에 한번에 1~2개 정도만 구입하는 것을 추천한다.

과일 가게 & 와인 상점

경찰서 앞 거리에서 메스티아의 시골 풍경을 느낄 수 있다. 특히 작은 가게에서 먹거리를 살 수 있지만 과일은 거리에 높고 파는 작은 상점들이 따로 4~5개가 있다. 대부분 가격은 비슷하기 때문에 어느 곳에서 구입해도 된다. 특히 포도와 사과는 당도가 높아서 매일 구입하는 현지인들을 많이 볼 수 있다.

또한 조지아의 와인을 파는 상점들도 볼 수 있지만 메스티아에서는 와인을 만들지 않기 때문에 대부분의 와인은 다른 지방에서 파는 와인과 같은 와인이다. 그러므로 자신에게 맞는 와인을 구입하면 된다.

선세티
Sunseti

현내석이고 깔끔한 레스토랑이지만 조지아 전통 음식을 파는 메스티아에서 가장 유명한 레스토랑이다. 조지아 음식으로 식사를 하고 싶은 관광객이 주로 찾는 레스토랑이다.

상당히 맛있는 조지아 요리를 느끼고 싶다면 추천한다. 경찰서 건너편에 있는 건물에 있는 레스토랑은 메스티아를 찾는 관광객은 대부분 찾는 레스토랑인데도 가격은 저렴하다.

주소_ 34 Betlemi St.
시간_ 11~18시

세티 광장

카페 레이라
Cafe Leila

세티 광장에서 배낭여행자들이 자주 찾는다. 세티 광장의 관광안내소 옆에 있고 2층에는 YHA가 있어서 저녁식사를 할 때

는 항상 사람들도 자리를 찾기가 힘들 정도이다. 자주 저녁에 열리는 공연의 음악을 들으며 하늘을 보면 빼곡한 별들이 낭만을 느끼게 된다. 다양한 조지아 음식을 주문해도 만족할만한 맛이어서 주문은 어렵지 않다.

주소_ Seti Square 7
시간_ 8~24시
요금_ 아메리카노 5라리, 샐러드 10라리~
전화_ +995-577-57-76-77

에티카바
Etikava

세티 광장에서 베스티아 박물관으로 이어지는 거리에 있는 카페로 작지만 깔끔한 내부 디자인과 아기자기한 분위기로 관광객을 끌어모으고 있다. 직원은 상당히 친절하게 다양한 나라에서 온 관광객과 소통을 하고 언어를 배우려고 한다. 손님이 웃면서 대화를 나누면서 커피를 마시는 것을 보면서 흐뭇해한다.

주소_ Seti Square 17
시간_ 8~20시
요금_ 아메리카노 5라리~

워크 인 레스토랑
Walk in Restaurant

에티카바를 지나 왼쪽으로 걸어가면 처음으로 나오는 정원 형태의 레스토랑이다. 야외에서 낮부터 고기를 구워 스테이크부터 므츠바디Mtsvadi 등을 볼 수 있다. 보는 관광객들은 하나둘씩 레스토랑을 들어갈 정도로 냄새가 끌어당긴다. 자리에 앉아 주문을 하고 샐러드와 다양한 고기 요리를 주문하고 먹고 나면 배가 불러한 동안 자리에서 일어나기가 힘들 것이다. 낮보다는 저녁에 밤하늘의 별들을 보면서 먹는 요리를 기억에 남을 정도이다.

홈페이지_ www.cafeflowers.info-tbilisi.com
주소_ 1 D. Megreli St.
시간_ 12~새벽1시
요금_ 피자 20라리~
전화_ +995-322-74-75-11

겨울여행의 꽃 스키를 즐기자

조지아에서 가장 인기 있는 겨울 스포츠는 스키로 12월말부터 4월말까지 운영하고 있다. 다. 국내뿐 아니라 세계 곳곳에서 방문하는 관광객 수 천명이 조지아에서 스키를 즐긴다. 유명한 스키 명소는 구다우리, 바쿠리아니, 하트스발리, 스바네티, 고데르지의 5곳이다. 스키장 하루 리프트 비용이 2만 원 안팎이고, 전국 스키장 이용이 가능한 3개월의 시즌권도 500라리(약 22만 원)이다. 그래서 유럽의 많은 관광객들이 메스티아^Mestia를 찾고 있다.

구다우리

조지아 수도 트빌리시에서 2시간 쯤 걸리는 구다우리는 조지아에서 가장 좋은 시설을 갖춘 스키장이다. 다양한 코스를 갖추고 있어 산 정상에서 즐기는 프리 라이드와 자연 설산에서 즐기는 백 컨트리 스키도 얼마든지 가능하다.

57㎞에 달하는 다양한 레벨의 코스를 갖춘 남쪽 스키장은 고도 3250m에서 2000m 사이에 위치해 있으며 리프트 5개와 곤돌라 1대를 운영한다. 스키와 스노우 보딩을 즐길 수 있다. 비다라 산의 동서쪽, 사젤레 산 북쪽 경사 코스뿐 아니라 인근 트레일에서 프리 라이드도 가능하다. 구다우리에는 별장과 호텔이 즐비하며 자녀를 동반한 가족을 위해 아이들을 위한 시설과 놀이터, 스키 스쿨이 있다. 유모도 쉽게 구할 수 있다.

바쿠리아니

보르조미 지역에 위치한 바쿠리아니다. 수도 트빌리시에서 약 3시간 걸린다. 원래 올림픽 훈련장소로 개발된 바쿠리아니는 조지아에서 가장 인기 있는 겨울 휴양지다. 눈 덮인 아름 다운 산 속에서 활강스키, 컨트리 트레일, 승마, 눈썰매, 걷기 등을 즐길 수 있다. 타트라로 알려진 코크타는 2255m 높이이며 디드벨리에는 가장 멋진 트레일이 있다. 여기서 사쿠벨로 산으로 가는 곤돌라를 이용할 수 있으며 다양한 레벨의 코스에서 즐길 수 있다. 가장 긴 활강코스는 4㎞에 달한다. 숙련된 스키어들은 곤돌라 끝에서 다시 리프트를 타고 사크밸로 산 정상까지 올라가 내려올 수 있다.

하트스발리

스바네티는 조지아에서 가장 역사가 깊고 독특한 관광지로 꼽힌다. 하트스발리와 테트눌디 등 현대식 리조트 두곳이 있다. 하트스발리는 스바네티 중심 마을인 메스티아에서 8㎞ 떨어져 있으며 2010년 개장했다. 케이블카는 주룰디 산(2347m)에서 탈 수 있다. 레드 (1900m), 블루(2600m) 코스와 초급자 트레일(300m) 세 코스를 운영하고 있다. 초보자에서 프로급까지 모든 레벨의 스키어들이 그림같이 아름다운 리조트에서 스키를 즐길 수 있는 곳이다.

데트눌디

테트눌디는 2016년 2월 개장했으며 역시 주룰디 산에 위치해 있다. 트레일은 총 연장 25km에 이르며 가장 긴 코스는 9.5㎞에 달하여 다양한 레벨을 즐길 수 있다. 관광객들은 스키를 탄 후 메스티아를 방문하여 그 지방 토속음식을 맛볼 수 있다. 박물관에선 수세기 동안 산속에 보전돼 스바네티의 교회와 마을에서 만들어진 수공예품을 구경하고, 사서 선물해도 좋을 거다.

고데르지

아자라 지역은 흑해의 리조트로 유명한데 고데르지 스키 리조트가 2015년 12월 문을 열었다. 아자라의 중심타운인 바투미에서 버스로 2시간 걸린다. 곤돌라 리프트가 2대 운영 중이며 가장 높은 곳은 해발 2390m, 고도차는 690m이다. 고데르지는 프리 라이드뿐 아니라 잘 개발된 활강코스에서 스키와 보드를 즐길 수 있다.

Svaneti

스바네티

SVANETI

조지아 북서쪽에 있는 스바네티Svaneti 지방은 트빌리시에서 가장 먼 곳이며 접근하기 어렵지만 깨끗하고 아름다운 풍경으로 관광객을 끌어당기고 있다. 자연 환경의 웅장함과 함께 스바네티Svaneti로 여행을 떠나는 것이 어렵지만 조지아 여행에서 반드시 가야할 장소로 추천되고 있다.

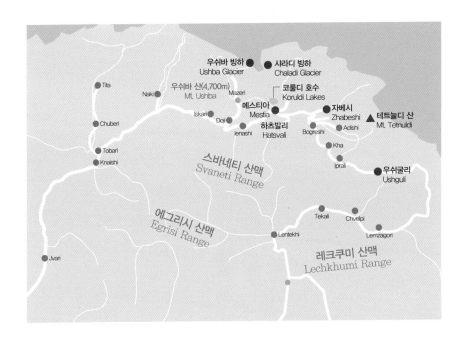

About 스반족(Svan)

스바네티^{Svaneti}에 사는 사람들을 '스반족^{Svan}'이라고 부르는데, 이들은 조지아의 원주민이며 자신의 언어를 사용한다. 스바누리^{Svanuri}는 카르트베리안^{Kartvelian}으로 알려진 남부 백인 언어 그룹에 속한다. 알파벳이 없지만 가정과 사회에서 일상적으로 사용하고 있다. 혹독한 기후와 산악 지형은 스바네티^{Svaneti}만의 특정한 미덕을 찾는 사람들이다.

한눈에 우쉬굴리 파악하기

우쉬굴리Ushguli 전역에 걸쳐 20개가 넘는 중세의 전형
적인 코쉬키Koshichi 타워가 있으며 좁은 자갈길에는 염
소, 돼지 및 소가 걸어 다니고 있다. 이 지역과 조지아
의 다른 지역에 있는 교회들로부터의 중세적 작품이나
행렬 등 중앙에 위치한 타워에 민족 박물관이 있다.
마을 위를 조금 걸어가면 12세기로 거슬러 올라가는 라
마리아 예배당이 있는 작은 언덕으로 연결된다. 예배당
은 웅장한 오래된 프레스코 화로 가득하고 예배당 앞
의 넓은 계곡은 꽃이 흩어져있는 고산 초원을 통해 샤
크하라Shkhara의 끝으로 이어진다.

우쉬굴리Ushguli의 위치와 마을 사람들의 독특한 삶의 방식은 최근에 인기 있는 관광지로
탈바꿈하고 있다. 가혹한 환경에서 살아왔지만 우쉬굴리Ushguli를 현대화 된 조지아의 다른
지방과 격리된 결과 많은 스바네티Svanetian 사람들의 종교, 문화적 전통은 사실상 그대로
남아 있다. 우쉬굴리Ushguli 마을에는 유네스코 문화유산 인 Upper Svaneti의 일부인 오래된
코쉬키 타워와 건물이 있다.
약 70 가구의 주민 약 200 명이 거주하고 있으며 소규모 학교들만이 남아있다. 1년 중에 6
개월 동안 눈으로 덮여 있는 메스티아Mestia로 가는 길은 험난하다. 우쉬굴리Ushguli는 3개의
마을로 나뉜다. 차를 멈추고 탐험할 수 있는 지비아니Zhibiani 마을로 이 마을이 우쉬굴리의
대표적인 마을처럼 알려져 있다.

우쉬굴리 IN

150-200라리에 메스티아Mestia에서 차량 비용을 지급하거나 렌트를 하여 메스티아Mestia에
서 물라키Mulakhi와 하디쉬Hadishi에 도착할 수 있다. 대부분 트레킹을 위해 도착한 관광객이
다. 스바네티 산Mt. Svaneti 정상의 경사면에 겨울에는 주차할 수 없다.

우쉬굴리(Ushguli) 3박4일 트레킹

스바네티[Svaneti] 지방에서 가장 인기가 있는 메스티아[Mestia]부터 우쉬굴리[Ushguli]까지 약 50㎞를 3박4일 동안 트레킹 하는 것이 가장 인기가 높은 트레킹이다. 우쉬굴리[Ushguli] 트레킹을 위해 메스티아를 찾는 사람들도 많은 정도로 메스티아[Mestia]에서 가장 많이 듣는 단어이다.

우쉬굴리 트레킹의 매력
1. 독특한 삶
우쉬굴리[Ushguli]의 떨어진 위치와 마을 사람들의 독특한 삶은 우쉬굴리를 메스티아의 대표적인 코스로 바꾸어 놓았다. 외떨어진 가혹한 위치는 우쉬굴리[Ushguli]를 현대화 된 조지아의 다른 지역과 격리시켰지만 많은 스바네티[Svaneti]의 종교와 문화적 전통은 사실상 그대로 남아 있다.

2. 코쉬키에서 바라보는 풍경

우쉬굴리Ushguli 전역에는 약 20개가 넘는 중세의 전형적인 '코쉬키Koshiki'가 있으며 좁은 자갈길에서 주민과 행복하게 어울리는 염소, 돼지, 소들이 있다. 마을 위를 조금 걸어가면 12세기로 거슬러 올라가는 라마리아 예배당이 있는 작은 언덕으로 연결된다. 예배당은 웅장한 오래된 프레스코화로 가득하다. 넓은 계곡은 꽃이 흩어져있는 고산 초원을 통해 샤크하라Shkhara의 발끝으로 이어진다.

한눈에 일정 파악하기
1일차 | 메스티아Mestia에서 자베쉬Zabeshi까지 트레킹(14km, 7시간)
2일차 | 자베쉬Zabeshi에서 아디쉬Adishi까지 트레킹(10km, 8시간)
3일차 | 아디쉬Adishi에서 이프라리Ifrari까지 트레킹(15km, 8시간)
4일차 | 이프라리Ifrari에서 우쉬굴리Ushguli까지 트레킹(10km, 6시간)

Signagi

시그나기

Signagi
시 그 나 기

아제르바이잔이 바라보이는 평원에 우뚝 솟은 언덕에 자리 잡은 시그나기Signagi는 천혜의 요새다. 마을의 이름은 돌궐의 단어인 '피난처나 망명'을 뜻하는 시그나크syghynak에서 왔다. 다시 말하면 동쪽의 이민족들이 조지아를 침략하기 위해 반드시 지나야 하는 길목이어서 도시 전체가 성곽으로 둘러싸여 있는 성곽도시인 것이다. 하지만 요새 도시였던 시그나기Signagi는 지금, 낭만의 도시로 불리고 있다.

지리 / 기후

시그나기Signagi는 수도인 트빌리시에서 남동쪽으로 약 113㎞ 떨어져 있다. 시그나기는 도시의 동쪽과 남서쪽에 인접해 있다. 시그나기Signagi는 농업과 과일재배에서 알라자니Alazani 계곡 유역인 곰보리 산맥Gombori Range의 동쪽 산기슭에 위치해 농업이 발달되어 있다.
해발800m 높이의 시그나기는 낮은 위도에도 불구하고 온화한 지중해성 기후를 보인다. 그래서 사계절이 있으며 겨울은 적당히 춥고 여름은 꽤나 덥다.

About 시그나기(Signagi)

조지아 에서 가장 동쪽에 위치한 카케티Kakheti 의 한 도시이며 시그나기Signagi의 행정 중심지이다. 시그나기Signagi는 조지아에서 가장 작은 도시 중 하나이지만 조지아의 포도 재배지 중심에 위치 하여 그림 같은 풍경, 파스텔 하우스 및 좁은 조약돌 거리 로 인해 인기 있는 관광지이다. 가파른 언덕에 위치한 시그나기Signagi는 코카서스 산맥이 있는 알라자니 계곡을 따라 성곽이 형성되어 있다.

시그나기의 역사

시그나기Signagi는 조지아의 카케티 Kakheti 지방에 위치하고 있으며 구석기 시대부터 사람들이 정착해 살았다. 정착 마을로서 시그나기 Signagi는 18세기 초에 처음으로 기록되었다. 1762 년, 왕 조지아의 헤라 II는 도시를 방어하기 위해 요새를 건립하여 공격에 의해 다게스탄의 부족민을 정착시켰다.

1770년, 시그나기Signagi는 주로 장인과 상인인 100가족이 정착했다. 조지아가 러시아에 합병되고 난 후, 1801년에 시그나기Signagi에 공식적으로 도시지위를 부여 했다. 이후 도시의 규모와 인구는 빠르게 증가해 러시아 연방의 농업 중심지가 되었다.

이름의 유래

옛 실크로드 상인들이 교역을 위해 코카서스 산맥을 넘어서 쉬어가기도 했다. 그저그런 실크로드의 옛 길이 다시 태어난 것은 18세기 에레클 Erekle 2세의 명령으로 축조된 4㎞의 성벽과 23개 요새의 탑 때문이다. 오래전 성벽에는 23개의 탑이 있어 페르시아의 침략에서 사람들의 대피소로 쓰였다. 터키가 침략을 했을 때

산 위라는 지리적인 위치를 활용하여 마을 사람들에게 피난처를 제공하면서 지금의 이름이 탄생했다. 시그나기Signagi라는 이름도 터키어로 피난처를 뜻하는 'Siginak'에서 왔다.

성곽 트레킹
성벽 꼭대기에 오르면 주황색 지붕 너머로 알라자니 평야가 내려다보인다. 건조한 시그나기Signagi는 햇볕은 따갑지만 바람이 불어오면 땀은 금방 날려주기 때문에 덥다는 느낌은 들지 않는다.

한눈에 시그나기 파악하기

코카서스 산맥이 장대하여 산맥사이의 골에 형성된 작은 특색 있는 마을에 있다. 트빌리시로 들어가려면 산 아래 작은 마을을 찾아 해발 800m의 높은 산 위에 성곽을 따라 시그나기 Signagi에 들러야 한다. 사원의 한쪽 담이 성벽이고 성벽의 앞에는 알라자니 계곡 Alazani Valley 너머로 코카서스 산맥이 펼쳐진다. 17~19세기의 전통 가옥들이 시그나기 마을을 아름답게 만든다. 해발 800m에 위치한 시그나기 마을 어디에서나 푸른 나무들을 발견할 수 있다.

시그나기 Signagi와 주변에는 역사 유적지가 1975년에 지정되어 보호를 받고 있다. 도시는 18세기 요새가 있다. 도시에는 2개의 조지 왕조 정교회가 있으며, 하나는 성 조지와 다른 하나는 성 스티븐에게 헌정되었다. 시그나기 Signagi에서 2km떨어진 보드베 Bodbe 수도원과 연결해 관광 상품으로 만들었다. 마을 중앙의 광장에서 시작하여 걸으면서 구경하기 딱 좋은 작은 마을이다. 시그나기는 성벽과 함께 시그나기 Signagi 박물관에 '사랑의 도시'로 알려진 피로스마니의 이야기가 소개되어 있다. 시그나기를 살린 주인공은 시그나기 Signagi의 별명이 '사랑의 마을'로 변하도록 소개하면서 달라졌다.

4㎞ 정도의 성벽은 마을을 둘러싸고 있어 오랜 시간 동안 중세에 멈춰서 사람들의 생활은 아직도 오래전의 시간이 고정되어 있다. 그래서 골목 안에는 와인이나 카펫가게가 오밀조밀 모여 관광객을 기다린다. 오래된 생활방식에 따라 2천 명 정도의 주민들은 전통 방식의 카펫과 조지아 와인을 관광객에게 팔면서 생활을 하고 있다.

풍경이 예뻐서 젊은 연인들이 많이 찾는 통에 게스트하우스가 많다. 24시간 결혼식을 할 수 있는 교회도 있다. 시그나기^{Signagi}는 또한 카펫 장인들의 도시로도 유명하다. 수공예품을 만드는 장인들의 조합이 있다.

보드베 수도원
Bodbe Monastery

시그나기^{Signagi}에서 2km 떨어진 산 위에 성녀 니노^{Saint Nino}가 잠들어 있는 보드베 수도원^{Bodbe Monastery}은 산길을 돌아서 가야 한다. 알라자니 계곡^{Alazani Valley}이 내려다보이는 가파른 언덕에 있는 키프로스 ^{Cypress} 나무 사이에 자리 잡고 있다. 이곳에서 코카서스 산맥의 전망을 볼 수 있다. 4세기에 지어졌지만 여러 번 보수를 거쳤다. 성녀 니노는 보드베 계곡에서 살다 세상을 떠났는데, 그가 묻힌 곳에 수도원이 세워졌다. 꽃이 만발한 수도원 정원은 성지 순례를 위해 수도원을 찾아온 사람들과 관광객으로 북적인다.

현존하는 성당의 본당은 9~11세기 사이에 지어졌지만, 이후로 계속 보수되었다. 외벽과 내벽 은 모두 석고로 마감되었지만 17~19세기에 복원된 흔적이 남아 있다. 성녀 니노의 무덤 위에 세워진 작은 홀 교회와 큰 성당으로 통합되어 있다. 입구에 있는 독립된 3층 종탑은 1862~1885년 사이에 세워졌다. 대성당을 둘러싼 17세기 벽의 일부가 철거되고, 2003년에 최

초의 원래 벽이 복원되었다. 수녀원에서 약 3㎞ 떨어진 작은 성자불론 예배당과 성 소사나 성당은 1990 년대에 성 니노의 샘을 수용하기 위해 지어졌다.

성녀 니노는 왕이 기독교 신앙으로 개종한 것을 목격한 후, 카케티Kakheti의 보드베 협곡으로 이동하여 생활하다가 생을 마감했다.
338~340년, 마리안 3세의 명령에 따라 니노가 묻힌 곳에 작은 수도원이 세워졌다. 수도원은 중세 후반에 카케티 왕들이 대관식 장소로 수도원을 선택하면서 유명해졌다. 1615년, 페르시아의 압바스 1세에 의해 빼앗긴 보드베 수도원은 카케티의 테이 무라즈 1세에 의해 회복되었다. 보드베Bodbe에서 수도원 생활의 부흥으로 신학교가 문을 열면서 수도원은 조지아에서 가장 큰 종교서적 보관소로 운영되었다.

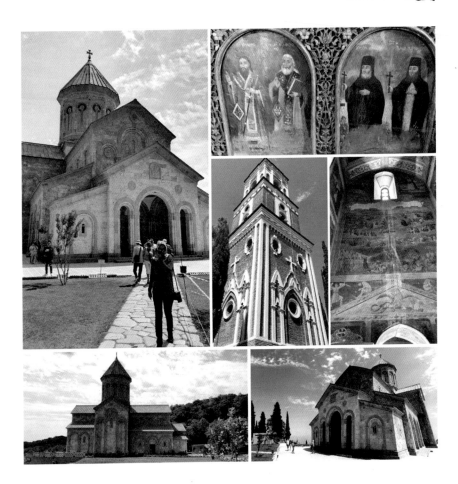

러시아의 수도원 사용

1801년에 러시아 제국에 의해 조지아가 합병된 후, 보드베 수도원은 수도인 존 마카시 빌리(John Maqashvili)에서 계속 번성하였고, 러시아 황제, 알렉산더 1세의 후원을 받으면서 조지아의 대표적인 수도원이 되었다. 1823년에 수도원은 내부를 수리하면서 벽화로 장식되었다. 1860 년대에 아르키만드 리테 마카리우스(Archimandrite Macarius)는 수도원을 복원하였고 학교를 설립했다. 성 니노의 유물을 담은 예배당은 1889년 러시아 황제 알렉산더 3세가 보드베를 방문하여 수녀원을 다시 개설하기로 하면서 부활된 수녀원은 바느질과 그림을 가르치는 학교도 같이 운영했다.

1924년, 소비에트 연방에서 수도원을 폐쇄하고 병원으로 사용되기도 했다. 1991년, 소비에트 연방이 해체된 후 보드베(Bodbe) 수도원이 재개되었고 복원 작업은 1990~2000년 사이에 수행되어 2003년에 재개장 했다.

필링
Feeling

트빌리시에서 2시간을 떠나온 낡은 밴이 자그마한 시그나기|Sighnaghi 버스 정류장에 멈춰 선다. 알록달록한 건물로 둘러싸인 아담한 광장을 내리쬐는 따뜻한 햇살 아래에서 느릿느릿 돌아가는 도시라기보다 마을의 첫 모습을 마주했다.

알알이 박힌 조약돌로 이루어진 언덕길을 낑낑대며 올라가면 웅장하기보다 우직한 모습으로 서 있는 오래된 성문이 모습을 드러내고, 그 너머로는 소박하고 아기자기한 마을이 고개를 내민다. 마을을 아늑하게 에워싼 기다란 성벽과 파스텔톤의 가옥들이 줄지어 선 삐뚤빼뚤한 골목들, 꽃들이 흐드러지게 피워 누운 돌담의 풍경은 '작은 성벽도시'라는 것을 느끼게 된다.

시그나기 성벽
Sighnaghi city wall

시그나기Sighnaghi는 과거 조지아에서 무역과 상업의 거점도시 역할을 해왔다. 현재는 카헤티 지방의 아름다운 성벽도시, 시그나기Sighnaghi의 골목 풍경이 주목받고 있다. 18세기 초, 당시 왕이었던 헤라클리우스 2세Heraclius가 약탈을 일삼는 주변 부족들로부터 마을을 보호하기 위해 성벽을 쌓아 올리고 23개의 망루를 설치하면서 지금의 도시 형태가 갖춰졌다.

길이가 총 5㎞에 달하는 시그나기 성벽은 아름다운 코카서스 산맥과 알라자니 계곡의 풍경을 감상할 수 있는 최고의 포인트다. 사랑이라는 이름의 도시를 걷는다면 사랑의 느낌을 받을 수 있다. 마을 규모가 워낙 작은 탓에 별다른 목적지 없이 설렁설렁 걸어 다니는 것이 시그나기Sighnaghi를 여행하는 가장 좋은 자세이자 유일한 방법이다. 성벽의 길이는 5㎞가량에 달하지만 공개된 구간은 한정돼 있어 길을 잃을 염려도 없다. 여유롭게 성곽길을 산책하다 삐걱거리는 나무 계단을 밟고 망루의 정상에 올라서면 너무도 아름답고 평화로운 모습에 정신이 번쩍 났다.

시그나기 박물관
Sighnaghi Museum

시그나기Sighnaghi 하면 백만 송이 장미의 주인공, 조지아를 대표하는 화가인 '니코 피로스마니Niko Pirosmani'의 이야기를 빼놓을 수 없다. 니코 피로스마니 전시관이 있는 시그나기 박물관이 최근에 관광객의 발길을 붙잡고 있다.

피로스마니 작품 '어부'

피로스마스 생가

작품 '여배우 마르가리타'

마르가리타 실제 모습

피로스마니(Pirosmani)

1862년, 시그나기 근처의 작은 마을 미르자니(Mirzaani)에서 태어났다. 전해져 내려오는 일화에 따르면, 선술집의 간판을 그리며 하루하루를 근근이 살아가던 피로스마니(Pirosmani)는 조지아를 방문한 프랑스 출신 여배우 마르가리타를 보고 첫눈에 사랑에 빠졌다. 자신의 마음을 전달하기 위해 그는 가진 모든 것을 내다 팔아 수많은 장미를 샀고 마르가리타가 묵던 숙소 앞을 꽃밭으로 단장했다. 그러나 그의 사랑은 그녀에게 닿지 않았고 피로스마니(Pirosmani)는 평생 가난과 외로움에 시달리다 죽음을 맞이하게 됐다.

애절한 노래, 백만 송이 장미

그의 짝사랑 이야기는 추후 많은 예술가의 영감이 됐다. 라트비아 노래에 러시아 시인 안드레이 보즈네센스키가 가사를 붙여 완성된 '백만 송이 장미'가 대표적이다. 우리에게도 잘 알려진 노래의 멜로디 속 주인공이 바로 피로스마니(Pirosmani)다. 그의 지고지순한 러브스토리의 진실성에 대해서는 정확히 알려진 바가 없다. 즉, 알려진 대부분의 이야기가 허구라는 의미다. 그러나 이와는 무관하게 피로스마니(Pirosmani)의 작품은 그 자체로 충분히 흥미롭다.

EATING

꿩의 눈물
Pheasant's tears

낭만의 도시 시그나기|Signagi의 명소는 '꿩의 눈물Pheasant's tears'이다. 시그나기에서 음식과 와인이 맛좋기로 소문난 한 레스토랑이자 와인 바Bar다. 미국인 화가가 운영하는 이 바는 카헤티 지역의 와인을 세계에 알리는 창구 구실을 하고 있다. 이곳 와인에 대한 설명을 들으면 한 병 사지 않을 수 없다.

//

주소_ Baratashvili St. #18
시간_ 12~19시
전화_ +995-355-23-15-56

작은 Essay

세월의 때가 묻은 기다란 나무테이블에 앉자마자 인상 좋은 매니저는 곧장 므츠바네, 사페바리 등 조지아를 대표하는 포도 품종으로 만든 와인을 여러 잔 내온다. 그중 크베브리 방식으로 만든 화이트 와인은 색부터 감탄을 자아냈다. 브랜디처럼 진한 호박색을 띠는 것이 특징인데 색만큼이나 짙은 풍미에 음식이 나오기도 전에 자꾸만 잔을 홀짝였다.

시그나기에 왔으니 '피로스마니 와인'을 맛보는 일도 잊지 말자. 40%의 트솔리카우리Tsolikauri와 60%의 트지스카Tsitska 품종을 섞어 만든 백포도주로 묵직하고 드라이한 맛이 일품이다. 차차(Chacha)도 빼놓지 말아야 한다. 차차는 발효시킨 포도 찌꺼기를 증류해 만든 브랜디의 일종으로 와인만큼이나 조지아 인들이 즐겨 마신다.

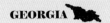

다비드 가레자(David Gareja)

트빌리시Tbilisi에서 남동쪽으로 60~70㎞ 떨어진 카케티Kaketi 지방에 다비드 가레자Davit Gareja 수도원이 있다. 아제르바이잔과의 국경에서 멀지 않은 곳에 있어서 국경 분쟁지역이 기도 하다. 수도원 옆 산을 트레킹하면 아제르바이잔 국경을 볼 수 있다.

바위산에 있는 정교회 수도원에는 가레자 산의 가파른 경사면에서 수백 개의 공간에는 교회, 식당, 숙소가 암석에 파묻혀 있다. 성 다비드Saint David는 6 세기에 수도원 단지를 세웠으며 다음 세기 동안 꾸준히 확장되었다. 수도원 단지는 수백 년 동안 종교와 문화 활동의 중요한 중심지였다. 관광객이 자주 방문하지 않기 때문에 재미있는 야생 동물도 볼 수 있다. 다비드 가레자에서 가장 가까운 마을은 우다브노Udabno이다.

다비드 가레자 수도원 단지David Gareji Monastery Complex는 조지아에서 유명한 종교와 문화 중심지로 이용된 수도원 동굴이었다. 동굴 내부는 수많은 벽화와 프레스코화로 덮여 있다.

가는 방법

트빌리시의 자유광장에서 투어를 이용하거나 개인적으로 운영하는 직행 버스를 이용할 수 있다. 오전 11시에 출발하고 비포장도로를 거쳐, 입구에 도착해 3~4시간의 자유 시간 동안 동굴 수도원을 둘러보면 된다.

준비물

여름에는 상당히 덥기 때문에 모자와 운동화를 착용하고 물티슈, 물과 간단한 과일을 준비하면 도움이 된다.

간략한 다비드 가레자 역사

11~13세기에 수도원이 가장 많은 활동을 보였다. 수도원 단지는 항상 조지아 왕족과 밀접한 관련이 있었지만 조지 왕조의 몰락하면서 다비드 가레자Davit Gareja 수도원의 활동은 축소되었다. 13세기 몽골의 공격이나 17세기 페르시아인의 공격도 없어서 수도원이 남을 수 있었지만 1921년까지는 수도원이 문을 닫고 버려졌다.

그 이후 소련은 아프가니스탄 전쟁의 훈련장으로 사용되기도 하여 수도원 내부의 벽화가 상당히 손상되었다. 조지아가 독립을 되찾았을 때 수도원은 다시 부활하여 종교 활동의 중심지이자 순례자와 관광객 모두가 방문하는 장소가 되었다.

Kazbegi

카즈베기

Kazbegi

카 즈 베 기

북동부 코카서스 지역은 조지아 여행이 완성되는 곳이다. 만약 카즈베기^{Kazbegi} 산을 가보지 않았다면 조지아를 제대로 여행한 것이 아니다. 카푸카스는 여러 신화의 배경인데, 카즈베기^{Kazbegi} 산은 바로 그리스 신화에서 프로메테우스가 묶여 있던 산이다.

나도 사진작가!!

카즈베기Kazbegi는 풍광이 말로 할 수 없다. 날씨가 좋은 날, 아무렇게나 사진을 찍어도 누구나 사진작가로 탄생하는 장소이다. 스마트폰이든 카메라이든 어디에나 들이대도 작품이 된다. '인생 샷'은 기본이며 나도 사진작가가 될 수 있다는 자신감을 가질 수 있다.

스위스의 알프스나 네팔의 히말라야를 다녀온 사람도 카즈베기Kazbegi의 풍경은 압도적이라고 말한다. 카즈베기Kazbegi 산이 있는 자바헤티 지역, 설산으로 둘러싸인 마을에 디자인 호텔로 유명한 룸스 호텔Rooms Hotel이 있다. 카즈베기Kazbegi 산 반대편 언덕에 자리 잡아 산을 제대로 조망할 수 있어서 항상 호텔은 예약이 쉽지 않다. 이곳의 시설보다 풍경이 그림 같다. 호텔에서 찍는 사진도 아름답기로 유명하다.

카즈베기 산
Kazbegi Mountain

여행자가 조지아를 찾는 이유는 카푸카스 산맥을 찾기 위해서가 아닐까? 조지아를 관통하는 코카서스 산맥은 유럽과 아시아를 나누는 산맥이기도 하다. 그 중에 가장 높은 산이 카즈베기 산으로 5,047m이다. 멀리 눈부신 설산과 숲이 조화를 이룬다. 고산에서 흘러내린 물은 더없이 맑다. 얼굴을 씻으면 잠이 달아날 정도로 차갑다.

그리스로마신화에서 제우스에게 벌을 받아 프로메테우스가 묶였다고 하는, 지구를 받치고 있는 기둥의 하나였던 코카서스 산맥의 카즈베기Kazbegi 산(5,047m)을 조망하며 4륜구동차량으로 해발 2,178m에 위치한 게르게티 사메바 교회를 방문하게 된다. 14세기 이후 한 번도 예배가 멈춘 적이 없는 교회이다.

구다우리
Gudauri

구다우리Gudauri는 수도, 트빌리시Tbilisi에서 북쪽으로 120㎞ 떨어져 있어서 차로 약 4~5시간 정도 소요된다. 구다우리 리조트Gudauri Resort 지역과 카즈벡 산Mount Kazbek massifif은 스키투어로 유명하다. 리조트는 2,000m 고도에서 조지아 군용 도로Heavenly Gorge에서 가장 높은 위치에 있다. 구다우리 리프트는 산맥을 따라 이어진 슬로프로 쉽게 접근할 수 있고 스키에 필요한 장비를 대여하기도 쉽다. 여름에는 스키 대신에 패러글라이딩을 즐기는 장소로 최근에 인기를 얻고 있다.

카즈베기 & 구다우리 IN

마르쉬루트카
트빌리시 디두베Didube 역에서 구다우리 Gudauri로 가는 미니버스인 마르쉬루트카로 이용할 수 있다. 8~18시(여름 19시)까지 1시간마다 운행하고 있다. 카즈베기에서는 7~18시에 트빌리시로 출발한다. 10라리Rari로 저렴하지만 중간에 쉬지 않고 이동하기 때문에 스키를 타러 가는 관광객이 주로 이용한다.

투어
트빌리시에서 출발하는 투어 상품이 매일 아침에 출발한다. 아나우리를 거쳐 군용도로를 따라 조지아-러시아 우호 기념비 등 다양한 곳을 거쳐 상품이 구성되어 겨울을 제외한 시기에는 투어를 주로 이용하게 된다.

스키장 & 리조트

그레이트 코카서스 산맥의 즈바리 고개 Jvari Pass 근처에 조지아 군용도로Georgian Military Highway를 따라 스테파츠민다 지역 Stepantsminda District에 있는 구다우리Gudauri 는 해발 2,200m의 높이에 스키장이 있고, 남쪽 고원을 따라 스키 리조트가 위치해 있다.

리조트는 조지아에서 가장 고급스러운 리조트가 몰려 있는 지역으로 겨울의 스키여행으로 생활을 유지하고 있다.

구다우리Gudauri의 경사면은 나무 위의 선 위에 있어서 눈사태가 발생하지 않는 지역으로 알려져 있다. 잘 개발된 스키 인프라, 스키를 탈 수 있는 고도의 큰 차이, 스키를 탈 수 있는 슬로프가 다양하여 조지아에서 스키를 탈 수 있는 최고의 장소로 알려져 있다.

리조트의 가장 높은 지점은 해발 3,307m에 있는 산 사드제레Sadzele이다. 3,007m, 산 정상의 쿠데비Kudevi는 또 다른 인기 슬

로프이다. 산의 어느 쪽에서나 스키를 탈 수 있어서 많은 슬로프가 있다.

체어 리프트와 곤돌라 라인은 3,275m에서 2,000m까지 1,275m의 고도 차이로 남쪽 경사면을 따라 다양한 난이도의 70㎞ 트레일을 따라 스키나 스노우 보드를 이용할 수 있다.

스키 대여는 로어 구다우리Lower Gudauri와 곤돌라 역 근처의 어퍼 구다우리Upper Gudauri에서 할 수 있다.

자유롭게 탈 수 있는 장소는 스키 리프트 근처의 트레일과 인근 지역의 크르딜리 비다라Chrdili, Bidara 산의 서쪽과 동부 경사면과 사드제레 산Mt. Sadzele의 코비 협곡에서도 스키를 즐길 수 있다.

숙박

게스트 하우스나 호텔은 http://places.georgia.travel / Booking.com / AirBnb.com에서 찾을 수 있다.

스키 스쿨 & 패러글라이딩

- 스키 스쿨 아부 구다우리 | http://facebook.com/abu.gudauri
- 스키 스쿨 스노우 하우스 | https://www.facebook.com/snowhouse.ge, http://www.snowhouse.ge/
- 성인과 어린이를 위한 스키 학교 | http://www.freeride.ge , http://skigudauri.ge
- 프리 라이드 스쿨 | http://snow-lab.com/

- 패러글라이딩 | http://www.flycaucasus.com https://www.facebook.com/GeorgianParaglidingFederation/
- 스노우 바이크, 스노 모빌 투어 | http://west-east-travel.com/ko
- 스피드 라이딩 스쿨 | http://www.speedride-school.com
- 프리 라이드, 오지 및 패러글라이딩 스쿨 | http://wildguru.com/ko

스키 패스 가격

- 1일 : 성인 15€, 어린이 9€
- 5일 : 성인 68€, 어린이 44€
- 야간 스키 : 성인 4€, 어린이 4€
- 시즌 7일 : 90€, 어린이 65€(모든 스키 리조트 포함)
- 시즌 성인 : 180€, 어린이 100€(모든 스키 리조트 포함)

구다우리 스키장 지도

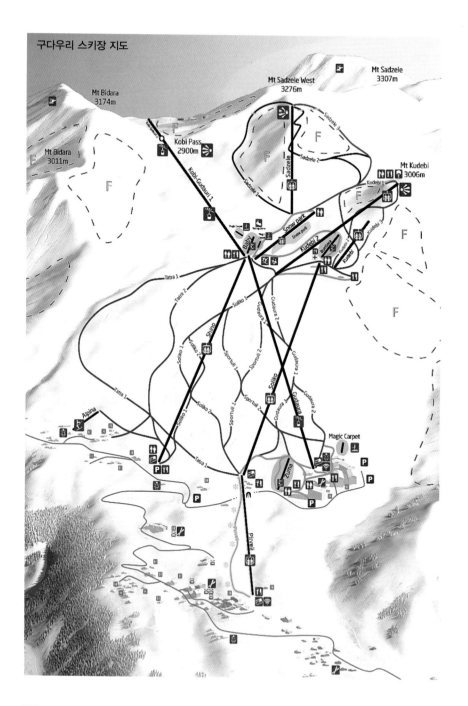

추위를 대비한 모자 등을 판매하고 있다.

하다계곡
Khada Valley

유명한 광천수가 나오는 약수가 있다. 발 아래 하다계곡을 바라보며 차를 몰아 산 중턱의 마을로 이동하면 나온다. 이곳의 도로는 좁고 커브가 많아서 운전을 하는 사람들은 항상 조심히 이동하고 있다. 입구에는 좌판에 다양한 현지의 선물이나

나르잔 온천(Narzan Spring)

트라베르티네 바위(Travertine Rock)로 석 회화된 형태인 석회석에 의해 나오는 미 네랄 워터이다. 석회암 동굴에서 탄산칼슘 의 빠른 침전 과정에 의해 형성되는 미네 랄 워터는 접지된 면과 물에서 침전되어 석회화가 되었다고 알려져 있다.

스테판츠민다
Stepantsminda

조지아 북동부의 크헤비Khevi 지방의 일부로 카즈베기Kazbegi는 역사적으로 중심적인 역할을 수행하였다. '스테판Stephan'이라는 조지아 정교회, 수도사의 이름을 따서 만들어진 마을이다. 스테판Stephan은 나중에 조지아 군사도로가 된 위치에 암자를 건축했다. 마을은 해발 1,740m 의 고도에서 트빌리시 북쪽으로 157㎞ 떨어진 테레크 강 유역을 따라 위치해 있다.

스테판츠민다의 기후와 관광 시즌

비교적 건조하여 아름다운 풍광을 보기 쉽지만 춥고 오랜 겨울과 길고 시원한 여름으로 나누어져 있다. 연평균 기온은 4.9 도로 추운 편이기 때문에 여름에도 긴 팔과 최소한 바람막이 정도는 준비하여야 한다. 밤에는 꽤 추워서 경량 패딩은 있어야 마을을 돌아다닐 수 있을 것이다. 7월은 평균 기온이 섭씨 14.4 도인 가장 따뜻한 달이어서 많은 관광객이 찾아온다.

마을 주위로 사방에 큰 산이 높이 둘러싸고 있다. 가장 눈에 띄는 카즈벡 산은 마을의 서쪽에 있다. 2번째로 높은 해발 4,451m의 샤니 산Mt. Shani은 스테판츠민다 Stepantsminda에서 동쪽으로 9㎞, 유명한 다리알 고르제Darial Gorge의 남쪽으로 10㎞ 떨어져 있다 .

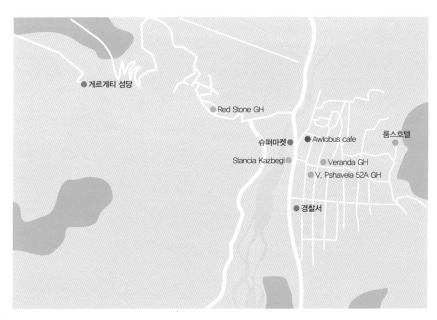

이름의 유래와 변천사

스테판츠민다^{Stepantsminda}는 문자 그대로 '세인트 스테판^{Saint Stepan}' 조지아 정교회가 구축된 스테판 수도사의 이름을 따서 지어졌다. 19세기 초, 러시아가 조지아 왕국으로 확장 된 후, 사람들은 러시아 통치에 반기를 들었다. 그러나 카즈–벡^{Kazi-Beg}의 아들인 가브리엘 초 피카 빌리^{Gabriel Chopikashvili} 영주는 러시아에 대한 충성심을 유지하면서 반란을 진압하는 데 도움을 주었다.

그 대가로 그는 러시아 육군 장교로 승진하고 카즈베기^{Kazbegi}를 원하여 그의 지배하에 있으면서 '카즈베기^{Kazbegi}'로 불렸다. 1925년 소련의 통치하에 들어가면서

공식적으로 이름은 '카즈베기^{Kazbegi}'로 바뀌었다.

조지아가 독립 후, 2006년에 도시는 원래 이름인 스테판츠민다^{Stepantsminda}로 되돌아갔다.

카즈 베기 박물관(Kazbegi Museum)

민족 박물관(Ethnographic Museum)

트레킹

스테판츠민다Stepantsiminda는 그레이트 코
카서스 산맥의 아름다운 풍광으로 유명
하여 여름에 트레킹을 하려는 사람들로
북적인다.
인근에는 카즈 베기 박물관Kazbegi Museum
과 민족 박물관Ethnographic Museum, 도시 외
곽의 게르게티 트리니티 교회Gergeti Trinity

Church, 산 주변으로 자연 보호 구역 의 초
원과 숲에 캠핑장이 있다.

327

아름다운 풍광의 여름과 겨울

스테판츠민다 마을에서 게르게티 트리니티 교회Gergeti Trinity Church까지 이동하려면 마을에서 쉐어 택시를 타거나 렌트카를 이용해 온 관광객의 차를 얻어 타야 한다. 최근에는 렌터카를 얻어 타기는 어렵기 때문에 대부분 쉐어 택시를 20라리(성수기 30라리) 정도를 주고 정상까지 이동한다. 봉고차로 관광객을 실어 나르는 차를 '쉐어 택시Share Taxi'라고 부른다.

이동에는 약 15~20분 정도가 소요되는데 여름 성수기에는 시간이 돈인 쉐어 택시는 요금할인도 없고 시간에 맞추지 않으면 그냥 기다리지 않고 또한 운전기사가 화도 내기 때문에 시간에 맞춰서 기다리는 것이 불필요한 문제를 줄일 수 있다.

여름에는 관광객이 몰려들기 때문에 하루 전에 트빌리시로 이동하는 마르쉐 루트카 표를 구매해 놓고 최소 30분 전에는 도착해야 한다.

2018년에 문을 연 관광 안내소

쉐어 택시(Share Taxi)

마을의 모습

즈바리 고개 & 카즈벡 산
Zvari Pass & Mt. Kazbeg

카즈베기로 가기 위해서는 므츠헤타를 지나 해발 2000m가 넘는 즈바리 고개Zvari Pass를 넘게 된다. 빙하 녹은 물이 눈 사이로 흐르는 것을 볼 수 있다. 제정러시아 시대에 '캅카스를 점령하라'는 의미로 '블라디캅카스'를 코카서스 산맥 북쪽에 세운 러시아는 코카서스 산맥을 넘는 군사도로를 만들었다.

이 도로가 지금 산업과 관광의 도로로 조지아 경제 발전에 일조를 하고 있다. 군사도로를 따라가다 보면 아제르바이잔의 바쿠 유전에서 나온 석유를 흑해로 옮기는 송유관을 볼 수 있다. 산유국을 옆 나라에 둔 덕분에 조지아는 석유와 전기를 싼값에 사용할 수 있다. 심지어 도시가스가 산골짜기 마을까지 연결되어 있을 정도로 에너지 상황이 좋다.

해발 2,379m 고개를 넘어가면 군사도로의 끝은 스테판츠민다(옛 카즈베기)이다. 카즈베기Kazbrgi로 더 많이 알려진 이곳에서 10㎞만 더 가면 러시아와의 국경이다. 이곳에서 바로 보이는 가장 높은 산이 카즈벡 산Mt. Kazbeg이다. 해발5,047m로 동부 카푸카스Kapukas에서 가장 높은 산이다. 카푸카스 산맥에서 7번째로 높은 봉우리는 빙하로 뒤덮여 '얼음산'이라는 뜻의 '카즈벡Kazbeg'이라는 이름을 가지게 되었다. 조지아에서는 프로메테우스의 전설로 알려진 곳으로 제우스를 속인 프로메테우스는 불을 훔쳐 인간에게 주는 데 불을 숨긴 장소가 이곳이다.

카즈베기^{Kazbegi}를 병풍삼은 아담한 마을은 게르게티^{Gergeti} 마을이다. 천년 넘은 역사를 간직한 전통마을인데 빨간 지붕과 돌담이 정겹다. 동네 골목에는 이웃 간의 정이 흐른다. 겨울에는 산 아래 마을에 있고 5~10월에는 산 중턱으로 가축을 기르러 올라간다. 그 후로는 눈이 2m까지 쌓여 있어서 올라갈 수 없기 때문이다. 동네 주민 대부분은 가축을 기르며 생업을 유지하였지만 최근에 늘어난 관광객으로 인해 관광을 위한 숙박과 관련 일에 종사하고 있다.

티아네티(Tianeti)

카푸카스 지역은 예로부터 장수하는 사람이 많기로 유명하다. 티아네티(Tianeti) 지역에 위치한 장수촌이 많은 사람들의 관심을 받는 지역이다.

게르게티 트리니티 교회(Gergeti Trinity Church)

카즈베기^{Kazbegi}에서 꼭 올라야 할 곳이 있다. 카즈벡 산^{Mt. Kazbeg}, 2,170m 언덕에 조지아 인들이 성스럽게 생각하는 교회이다. 스테판츠민다^{Stephantsminda} 마을 바깥이 게르게티^{Gergeti} 마을 근치에 고립된 세르게티 트리니티 교회^{Gergeti Trinity Church}는 '성 삼위 일체 교회'라고도 불린다.

처음 교회 터를 물색할 때 '독수리가 고기를 묻어두는 곳'으로 정했다고 한다. 코카서스 지방에서 가장 높고 아름다운 봉우리로 조지아 정교의 경건함을 가장 잘 느낄 수 있는 곳이다. 게르게티 트리니티 교회^{Gergeti Trinity Church}는 세계에서 가장 아름다운 교회 중 하나이다. 환상적인 풍경과 잘 보존된 교회 유물과 벽화 등의 기념물을 갖추고 있다. 작은 종탑은 교회 옆에 위치하며 약간의 옅은 장식으로 장식되어 있다.

전쟁이 났을 때 조지아정교의 성물을 보관하던 곳으로 조지아 인들의 마지막 보루와 같은 곳이다. 카푸카스 산맥의 고산지대에 위치한 까닭에 전란 때에는 중요한 유물을 이곳에 숨겨 약탈을 피했다고 한다.

간략한 교회의 역사 & 중요성

게르게티 트리니티 교회Gergeti Trinity Church와 종탑은 14세기에 지어졌다. 광활한 자연으로 둘러싸인 가파른 산 위에 고립된 위치는 조지아의 상징이 되었다. 18세기 조지아의 작가 바쿠슈티 바토니쉬빌리Vakhushti Batonishvili는 위험한 시기에 성녀 니노의 십자가를 포함한 므츠헤타의 귀중한 유물들이 이곳에 보관되었다고 썼다. 소비에트 시대에는 모든 종교 서비스가 금지되었지만 교회는 인기 있는 관광지로 남아있었다. 조지아가 독립을 하면서 다시 조지아 정교 교회로 돌아갔다.

사진 포인트

교회는 해발 5,047m, 아름다운 카즈벡 산(Mt. Kazbeg)을 정면에 두었다. 카즈벡(Kazbeg) 설산을 가까이서 볼 수 있다는 것만으로 마음이 정화되는 느낌을 받는다. 게르게티 언덕에서 찍은 사진이 조지아의 추억을 영원히 간직하게 해줄 것이다.

가는 방법

트레킹으로 3시간 동안 가파른 산을 오르거나 마을에서 1시간 30분을 걸어 2,170m에 있는 교회로 갈 수 있었다. 하지만 2018년에 차량으로 접근 할 수 있는 포장도로가 교회 인근까지 이어졌다.

카즈베기(Kazbegi)로 가는 군사도로

조지아 군사도로를 타고 고산지대로 이동할 수 있다. 실크로드의 동굴도시 우플리스치케를 지나 1817년, 로마노프 황제가 오스만터키를 공격하기 위해 건립한 군사도로를 따라 조지아 최고의 스키리소트 시역이자 마르코 폴로가 지나갔던 구다우리^{Gudauri}를 거쳐, 카즈베기^{Kazbegi} 산으로 향하게 된다. 중간에 쉬는 휴게소에는 아주머니들이 직접 만든 모자나 양말 같은 것을 팔고 있는데 헤브수레티 지방의 양모에서 추출한 것이다.

About 조지아 군용도로
조지아 군용도로는 아름다운 풍광의 구다우리, 카즈베기 등을 보기 위해 이용하는 조지아 여행의 핵심이다. 코카서스 산맥을 넘어 트빌리시^{Tbilisi}와 러시아 우라지 카프카스^{Uragi Kapcas}를 잇는 약 200㎞의 길은 옛날부터 푸슈킨, 레르몬트프라는 시인들을 매료시켰다.

조지아 군용도로 IN

1일 여행코스로 조지아 군용도로를 가려면 트빌리시 여행사에서 차를 렌트한다. 카즈베기까지 미니버스나 합승 택시는 디도베 역에 인접한 시장 안의 주차장에 있다. 미니버스는 카즈베기까지 거의 직행으로 이동하고 약 3시간 30분 정도 소요된다. 풍경이 아름다운 도로를 보기 위해 창가 좌석이 인기가 많기 때문에 미리 확보해 두는 것이 좋다.

출발시간 : 09, 11, 13, 15, 17시

흥정을 하여 택시를 빌리면 주요 볼거리를 보면서 카즈베기까지 갈 수 있으니 여행하는 인원이 된다면 직접 흥정을 해보자.

> **과거와 현재의 다른 쓰임새**
>
> 1799년 제정 러시아군이 군사용으로 만든 길로 1801년에 러시아가 조지아를 합병한 것을 계기로 본격적인 공사가 진행되었다. 현재는 포장도로가 완성되어 러시아와 조지아를 연결하는 동맥으로 역할보다 구다우리와 카즈베기를 가려는 관광객이 더욱 많이 찾고 있다. 동시에 코카서스 산맥을 종단하는 풍광이 뛰어난 도로로 관광객의 눈을 즐겁게 하고 있다.

추천 일정

하이웨이이지만 도중에 공사 중인 도로를 지나거나 양을 만나기도 하므로 카즈베기까지 약 150㎞거리를 4~5시간이 걸린다. 가는 도중에 풍광이 좋으면 쉬었다 가기 때문에 하루 정도 소요된다. 투어를 이용해 당일치기 투어상품으로 아나우리, 구다우리, 카즈베기까지 다녀오는 투어가 있지만 상당히 바쁘게 이동하기 때문에 시간이 넉넉하면 마르쉬루트카를 이용해 1박2일이나 2박3일로 다녀오는 것을 추천한다.

게르게티 성당●
스테판츠민다비●

●트루스

●주타

Travertine Rock●

●Jvari pass

조지아−러시아
우호 기념비 ● 구다우리

Black and White Aragvi●

아나누리●

이동루트

트빌리시 → 므츠헤타

트빌리시에서 옛 조지아의 수도 므츠헤타
Mtskheta로 향한다. 므츠헤타Mtskheta까지는 포장
도로로 이동할 수 있다. 산 정상에 있는 주바
리Jvari 성당이 보이면 므츠헤타Mtskheta에 도착
한 것이라고 판단하면 된다.

숲 속 → 아나우리

므츠헤타Mtskheta를 지나면 차는 아라그비 강 오른쪽 강가로 이동하여 아나우리Anauri를 지나게 된다.

아나우리 → 하다 계곡 광천수 → 구다우리

하다계곡Khada Valley은 유명한 광천수가 나오는 약수터이다. 중세에 건설한 요새와 탑이 아직까지 남아있는 오래된 마을이다. 카즈베기Kazvegi 근처 약 60㎞지점에 구다우리라는 스키 시설이 있는데 겨울에 인기가 많은 조지아 스키장이다.

양털로 만든 모자, 파파히|Papahi

구다우리 → 조지아–러시아 우호 기념비

구라우리를 지나가면 왼쪽의 아름다
운 계곡에 동그랗게 벽으로 이어진 전
망대가 나타난다. 2,200m에 위치한 조
지아&러시아 친선을 기념하기 위한
모자이크로 둘러싼 전망대이다. 화려
한 타일이 인상적이지만 조금만 내려
가면 보이는 아름다운 골짜기의 풍광
이 더욱 아름답다. 이곳에서 관광객들
은 풍광을 사진에 담느라 정신이 없다.

조지아–러시아 우호 기념비 → 게르게티 트리니티 교회(성 삼위일체 교회)

해발 5047m 카즈베기^{Kazbegi} 산에서 꼭 올라야 할 곳이 있다. 게르게티 언덕에 있는 성 삼
위일체 교회다. 해발고도가 2000m가 넘는 이 교회는 전쟁이 났을 때 조지아정교의 성물을
보관하던 곳으로 조지아 인들의 마지막 보루와 같은 곳이다. 처음 교회 터를 물색할 때 '독
수리가 고기를 묻어두는 곳'으로 정했다고 한다. 조지아정교의 경건함을 가장 잘 느낄 수
있는 곳이다. 이 게르게티 언덕에서 찍은 사진이 조지아의 추억을 영원히 간직하게 해줄
것이다.

SLEEPING

스탄시아 카즈베기 호텔
Stancia Kazbegi Hotel

2018에 오픈한 가장 최신 시설을 가지고 있는 호텔로 버스 정류장 건너편에 있어서 찾기도 쉽다. 호텔에서 카즈벡 산과 게르게티 트리니티 교회가 보여서 전망도 매우 좋다. 마을이 중심에 있이시 이디를 가든 걸어서 이동할 수 있어서 최근에는 룸스 호텔보다 더 인기가 높다. 직원들이 친절하고 조식의 맛이 특히 좋다.

주소_ Alexander Kazbegi Square 23a
요금_ 더블룸 650라리~
전화_ +995-551-94-88-00

룸스 호텔
Rooms Hotel

20년 넘게 카즈베기를 대표하는 호텔로 자리매김하였다. 카즈베기에서 가장 아름다운 풍경을 자랑한다. 카즈벡 산과 게르게티 교회를 볼 수 있는 최적의 위치에 있어서 대중매체에 소개되는 대표적인 호텔이다. 특히 1층 로비와 테라스에서 와인을 하면서 보는 경치는 전 세계 어디에서도 보기 힘든 압도적인 풍경을 자랑한다. 다만 언제나 20만원을 넘는 숙박비용이 부담되지만 하루 정도는 묵어갈 만하다. 비수기에는 예약에 여유가 있지만 최근 여름에 늘어난 관광객으로 빨리 예약해야 한다.

홈페이지_ www.roomshotels.com
주소_ 1 V. Gorgasali St. Kazbegi
전화_ +995-32-271-00-99

Batumi

바투미

BATUMI

흑해 연안에 위치한 조지아 남부 도시 바투미Batumi는 화창하고 이국적인 아열대 식물로 절묘하게 장식된 현대적인 매력을 가진 도시이다. 야자나무, 노송나무, 목련, 서양 협죽도, 대나무 나무, 월계수, 레몬과 오렌지 나무 등 다양하다.

관광 도시
바투미는 조지아에서 유일한 항구도시일 뿐만 아니라 관광의 수도이기도 하다. 항구에서 출발 한 선박의 낭만적인 장면은 바투미 키Batumi Quay에서 더 잘 보인다. 바투미 시민들은 이곳을 '시아이드 파크–불리바드Seaside Park-Boulevard'라고 부른다.

8㎞의 바다 경계를 따라 도시를 둘러싸고 있으며 종려나무가 있는 돌고래인 도시의 상징이 있다. 시내 해변은 대로 옆에 있다. 바투미의 해변과 그 주변은 모래가 없는 돌이다. 1년 내내 바투미 항구의 동쪽에는 극장, 영화관, 레스토랑, 카페 등과 유흥 시설이 있다. 다양한 건축으로 유명한 바투미Batumi는 키메라, 인어, 대서양, 신화적인 생물로 장식되어 있다.

바투미에 대한 역사의 기록

역사에서 바투미가 처음으로 언급된 것은 기원전 4세기, 그리스 철학자인 아리스토텔레스의 작품에서 찾을 수 있다.

아리스토텔레스Aristotle는 도시를 콜치스Colchis의 흑해 연안에 위치한 바투스(그리스어 '깊은 곳')라고 불렀다. 타마리스Tamaris – 트시헤tsihe의 고대요새는 도시의 기초로 사용되었다가 2세기에 로마인들이 오면서 바투미의 도시 이름은 알려지기 시작했다. 5세기에 조지 왕조의 왕인 바흐탕 고르가살리Vakhtang Gorgasali는 도시를 합병했다.

한눈에 바투미 파악하기

바투미 인구의 일부는 무슬림이지만 여러 종교가 공존하는 도시이기 때문에 고대 정교회와 가톨릭 사원뿐만 아니라 사원과 회당도 찾을 수 있다. 바투미의 가장 유명한 사원은 성모 성당 교회(1903년), 성 바바라 교회(1888년), 성 니콜라스 그리스 교회(1865년)이다. 1936년 이전에는 알렉산더 네프스키 교회가 있었다.

90년대 초, 바투 미는 개인이 건설하기 시작한 교회와 사원의 대규모 건설을 시작해 지금은 수많은 정교회 사원이 있다. 그중에서 다비드 시라츠빌리David Shiolashvilli의 주도로 1994년에 개장 한 성 니노 교회St. Nino Church가 있다.

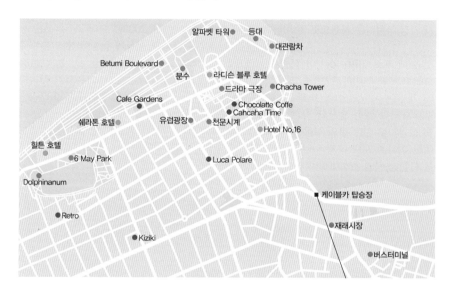

바투미 해양공원
Batumi Boulevard

고대 사원과 나른 뉴석지뿐만 아니라 프리모르스키 공원Primorsky Park으로도 유명하다. 바투미의 해변을 따라 조성된 공원은 북서 해안에 약 7㎞에 걸쳐 펼쳐져 있다. 19세기까지도 쓰레기와 함께 덤프로 채워진 해변은 휴식에 적합하지 않았다. 그곳에 사람들의 노력으로 인해 바투미에서 가장 아름다운 공원으로 탈바꿈했다.

첫 번째 프로젝트는 러시아 정원사인 레슬러Ressler와 레이에르Reier에 의해 1881년에 개발이 시작되었다. '바투 미 해변의 수호자'라고 불린 알폰세Alfonse는 공원의 첫 정원사로 런던 큐의 식물원 장식에 참여한 이아손 지오 데지 아니Iason Geodeziani를 포함해 공원 조성이 마무리되었다.

바투미 해양공원은 이미 100년이 넘는 시간동안 시민들과 수많은 관광객들에게 인기 있는 휴식처로 인식되고 있다. 휴게소뿐만 아니라, 많은 카페와 클럽이 집중되어 있으며, 젊은이들이 시간을 보내고 싶어 하고, 어린이들을 위한 놀이터와 놀이 시설도 많이 있다. 공원에서 가장 유명한 명소는 1977년에 조성된 유명한 '춤추는' 노래분수이다. 특히 화창한 날에는 분수대 위에 무지개가 보인다.

공원은 고전적인 부분과 현대적인 부분으로 나눈다. 2009년 현대적인 부분은 새로운 프랑스 색상의 뮤지컬 댄스 분수로 장식되었다. 춤추는 물줄기가 음악에 독창적인 패턴을 그린다. 고전적인 잔디밭으로 나누어진 5개의 평행 골목과 다양한 카페가 있다. '매그놀리아'라는 첫 번째 골목을 따라 매일 체스와 주사위 놀이가 펼쳐지는 '파빌리온'이 있다.

메데아 광장
Medea Square

최근에 바투미는 새로운 은행 건물, 대륙 횡단 호텔, 스포츠 단지가 건설 중이다. 이곳은 현대적인 건물과 다르게 바로크 양식으로 고전적인 분위기를 나타낸다. 특히 메데아Medea 동상을 중심으로 광장이 아기자기하게 조성되어 있다. 현대적인 도시가 바투미이지만 메데아 광장만은 바투미의 중심을 지켜주는 장소이다.

건축 양식

유럽과 아시아 등 다양한 건축 양식의 조합을 특징으로 한다. 터키, 러시아, 영국, 프랑스 건축의 건물을 볼 수 있다. 유럽과 동양 건축을 결합한 건물에 저녁에는 불빛이 도시를 아름답게 비춘다. 지난 10년간 바투미는 많은 변화를 겪었다. 폐쇄된 소련의 통치시기에 국경도시였던 바투미는 관광과 조지아에서 가장 살기 좋은 휴가지로 바뀌었다.

비아냥

어린이를 위한 수영장, 요트 클럽, 엔터테인먼트가 있는 고급 무역 센터가 건설되고 있다. 도시의 역사적인 건물들이 부티크, 바Bar, 차와 커피 하우스로 바뀌면서 유럽과 아시아 문화가 만나는 도시로 조성될 것이라고 이야기하지만 국적없는 도시같다는 비아냥도 듣고 있다. 문화적 혼합은 역사적 사실에 기반하지 않고 자본에 의해 정당화되고 있다는 인식이 있다.

메데아(Medea)

그리스 신화의 코린토스 왕과 공주를 마법으로 살해하는 마녀이다. 황금 양털을 찾아 떠났지만 원정대의 이아손에게 반해 그를 도와주는 인물이다. 황금양털을 가지고 오면 왕위를 내주겠다는 약속을 저버린 펠리아스 왕을 죽이게 된다. 이아손은 메데아를 버리고 코린토스 공주와 결혼하면서 분노한 메데아는 마법으로 코린토스 왕을 살해하고 만다.

조지아어 회화

〈기본 인사 표현〉

한국어	조지아어	발음
안녕하세요	დილა მშვიდობისა!	삼마르조바
감사합니다	გმადლობ	마들로바 or 마들롭트
안녕히 계세요	მშვიდობით	까르갓
얼마에요?	რა ღირს ეს?	라 키르흐스?
네	ჯი	끼 or 다
아니요	არა	아라
이것은 무엇입니까?	რა არის ეს?	에스 라 아리스?
맛있어요	გემრიელად	겜므리엘린
닭고기	ქათმის ხორცი	카타미
돼지고기	ღორის ხორცი	고기스 호르찌
아름다운	მშვენიერი	라마지
맥주	ლუდი	루디
매우	თვალის ჩინი	디디
친구	საძმო	메조바리
1, 2, 3, 10	ერთი, ორი, სამი, ათი	에르띠, 오리, 사미, 아티
안녕히 주무세요	ღამე მშვიდობისა	가메 므슈비도비사
잘 자	კარგად ძილი	지리 네비사

〈조지아어 알파벳〉

ა	ბ	გ	დ	ე	ვ	ზ	თ	ი	კ	ლ	მ
an	ban	gan	don	en	vin	zen	tan	in	k'an	las	man

ნ	ო	პ	ჟ	რ	ს	ტ	უ	ფ	ქ	ღ	ყ
nar	on	p'ar	zhan	rae	san	t'ar	un	par	kan	ghan	q'ar

შ	ჩ	ც	ძ	წ	ჭ	ხ	ჯ	ჰ
shin	chin	tsan	dzil	ts'il	ch'ar	khan	jan	hae

⟨숫자와 순서⟩

하나, 첫번째	ერთი, პირველი	erti, p'irveli
둘, 두번째	ორი, სეკუნდი	ori, meore
셋, 세번째	სამი, მესამე	sami, mesame
넷, 네번째	ოთხი, მეოთხე	otkhi, meotkhe
다섯, 다섯번째	ხუთი, მეხუთე	khuti, mekhute
여섯, 여섯번째	ექვსი, მეექვსე	skvsi, meekvse
일곱, 일곱번째	შვიდი, მეშვიდე	shvidi, meshvide
여덟, 여덟번째	რვა, მერვე	rva, merve
아홉, 아홉번째	ცხრა, მეცხრე	tskhra, metskhre

⟨가족⟩

할아버지	პაპა	babua
할머니	ბებო	bebia
그와 그녀	ის, იგი	
아버지	მამა	mama
어머니	დედა	deda
아들	ვაჟი	vazhi
딸	ასული	kalishvilli
형/오빠/남동생	ძმა	dzma
누나/언니/여동생	დ	da

조대현

63개국, 298개 도시 이상을 여행하면서 강의와 여행 컨설팅, 잡지 등의
칼럼을 쓰고 있다. KBC 토크 콘서트 화통, MBC TV 특강 2회 출연(새로
운 나를 찾아가는 여행, 자녀와 함께 하는 여행)과 꽃보다 청춘 아이슬
란드에 아이슬란드 링로드가 나오면서 인기를 얻었고, 다양한 여행 강
의로 인기를 높이고 있으며 '트래블로그' 여행시리즈를 집필하고 있다.
저서로 블라디보스토크, 크로아티아, 모로코, 나트랑, 푸꾸옥, 아이슬란
드, 기고시미, 몰타, 오스트리아, 족자카르타 등이 출간되었고 북유럽,
독일, 이탈리아 등이 발간될 예정이다.

폴라 http://naver.me/xPEdlD2t

조지아

초판 1쇄 인쇄 I 2020년 12월 10일
초판 1쇄 발행 I 2020년 12월 15일

글 · 사진 I 조대현
펴낸곳 I #해시태그출판사
편집 · 교정 I 박수미
디자인 I 서희정

주소 I 서울시 중랑구 용마산로 669
이메일 I nowpublisher@gmail.com

979-11-962678-1-0 (13980)

- 가격은 뒤표지에 있습니다.
- 이 저작물의 무단전재와 무단복제를 금합니다.
- 파본은 구입하신 서점에서 교환해드립니다.

※ 일러두기 : 본 도서의 지명은 현지인의 발음에 의거하여 표기하였습니다.